AIGC

让生成式AI成为自己的外脑

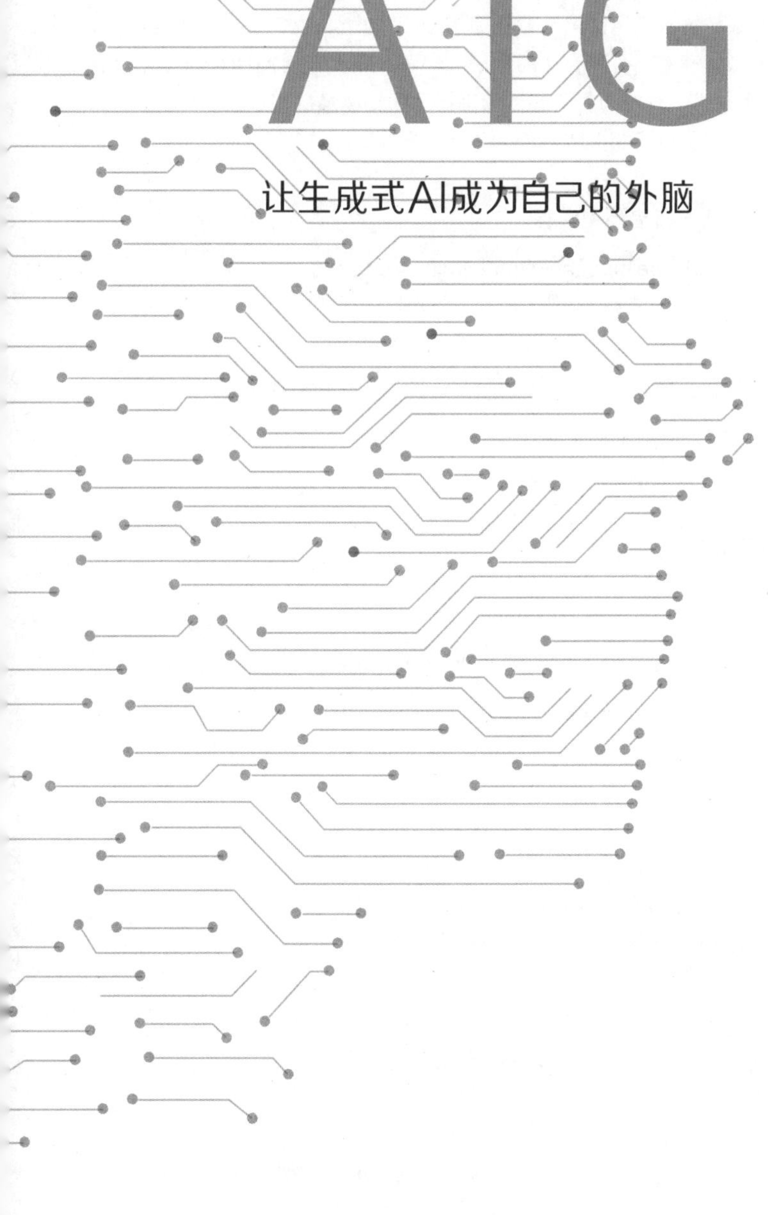

成生辉 著

清華大学出版社

北京

内容简介

本书针对近期较为火热的AIGC技术及其相关话题，介绍AIGC的技术原理、专业知识和应用。

全书共分为九章。第一章介绍AIGC技术的基本概念和发展历程；第二、三章介绍AIGC的基础技术栈和拓展技术栈；第四、五章分别讨论了AIGC技术在文本生成和图像生成两个领域的现状和前景；第六章列举了目前较为热门的AIGC技术应用；第七章描述了AIGC的上、中、下游产业链及未来前景；第八章主要关注AIGC在法律和道德上可能存在的争议与问题；第九章对AIGC技术进行了总结与展望。全书运用可视化的表达方式，对较为复杂的概念进行了生动易懂的阐述。

本书适合AIGC从业人员、相关技术人员以及相关专业的学生参考和学习。

图书在版编目(CIP)数据

AIGC：让生成式AI成为自己的外脑 / 成生辉著. —北京：清华大学出版社，2023.9
ISBN 978-7-302-64566-5

Ⅰ.①A… Ⅱ.①成… Ⅲ.①人工智能 Ⅳ.①TP18

中国国家版本馆CIP数据核字(2023)第169648号

责任编辑：施　猛　王　欢
封面设计：熊仁丹
版式设计：方加青
责任校对：马遥遥
责任印制：曹婉颖

出版发行：清华大学出版社
　　网　　址：http://www.tup.com.cn，http://www.wqbook.com
　　地　　址：北京清华大学学研大厦A座　　**邮　　编：**100084
　　社 总 机：010-83470000　　**邮　　购：**010-62786544
　　投稿与读者服务：010-62776969，c-service@tup.tsinghua.edu.cn
　　质 量 反 馈：010-62772015，zhiliang@tup.tsinghua.edu.cn
印 装 者：三河市铭诚印务有限公司
经　　销：全国新华书店
开　　本：180mm×250mm　　**印　　张：**15.75　　**字　　数：**242千字
版　　次：2023年10月第1版　　**印　　次：**2023年10月第1次印刷
定　　价：88.00 元

产品编号：102031-01

致谢
THANKS

感谢刘宇琦、樊宇清、孟怡然、刘铂晗、闫丹、沈闵黑籽、莫晨晨、李翔宇和王俊伟等为本书的出版做出的巨大贡献。特别感谢北京华夏长鸿文化有限公司在策划方面为本书所提供的帮助。

前言
PREFACE

AIGC，即生成式人工智能，正推动着人工智能掀开新的一页，以前所未有的速度崛起并席卷全球。无论是学术界还是产业界，都在积极布局AIGC领域，准备迎接一个新时代的到来。

在学术界，研究人员不断探索新的算法和技术，以改进 AIGC 的生成质量和效率。同时，各大高校也推出了相关的课程和研究项目，培养和支持 AIGC 领域的专业人才。

在产业界，许多公司和组织积极应用 AIGC 技术，以提高业务效率和产品质量。例如，新闻媒体、广告公司、内容创作平台等，都在使用 AIGC 技术生成各种类型的内容，以满足不同用户的需求。一些大型科技公司也在积极布局 AIGC 领域，推出各种与 AIGC 相关的工具和平台，以支持 AIGC 应用的开发和部署。

AIGC的发展还面临许多挑战和问题，例如算法可解释性、数据隐私保护等。因此，我们需要持续关注和研究AIGC，以便更好地挖掘它的潜力，同时避免其潜在的风险和影响。

本书理论结合实践，旨在帮助读者全面掌握 AIGC 的基础知识，为应对未来的技术挑战做好准备。让我们一起探索这个迅速发展的领域，发现其中的无限可能性！

成生辉

2023年6月

目录

CONTENTS

第四章 ∴ AIGC 与文本生成 / 75

第五章 ∴ AIGC 与图像生成 / 105

第一章 AIGC：智造时代来临

AIGC(AI-generated content)，即生成式人工智能。随着人工智能技术的进步，包括自然语言处理、计算机视觉和机器学习等领域的发展，AI能够创造和生成各种形式的内容，如文章、图像、音频和视频等。

AIGC的应用领域非常广泛。例如，在数字媒体和广告行业，AIGC可以用于生成新闻报道、社交媒体帖子、广告文案和图像等；在虚拟现实、视频游戏和电影制作等领域，AIGC可以用于生成虚拟角色、场景和剧情等。

AIGC的发展和应用引发了一系列讨论，如内容原创性、道德问题以及法律责任等。为此，监管机构正在努力制定相关政策和准则，以确保AIGC生成的内容符合伦理和法律要求。

第一节 从UGC、PGC到AIGC

从UGC到PGC，再到AIGC，内容生成方式逐渐从用户主导转变为专业人士主导，最后引入了人工智能技术。

释义 1.1：UGC

UGC(user generated content)，指由用户主动创作和分享的内容。

在Web 2.0时代，社交媒体平台和在线论坛为用户提供了发布和共享内容的机会。UGC包括用户撰写的文章、发布的照片和视频、发表的评论和社交媒体帖子等。这些内容通常基于用户的个人经验、兴趣和观点①。

释义 1.2：PGC

PGC(professional generated content)，指由专业人士或团队创作和制作的内容。

与UGC相比，PGC通常具有更高的质量和专业性，这些内容由专业的作家、摄影师、记者、制片人等创建。PGC包括新闻报道、电影、电视剧、音乐专辑、图书等。这些内容经过精心策划、编辑和制作，以满足特定的标准和用户需求。

释义 1.3：AIGC

AIGC(AI-generated content)，指由人工智能生成的内容。

随着人工智能技术的快速发展，AI可以通过机器学习、自然语言处理、计算机视觉和生成对抗网络等技术生成各种类型的内容。AIGC涵盖文字、图像、音频和视频等媒体形式。AIGC可以模仿人类的创造力和风格，生成更符

① CHEONG H J, MORRISON M A. Consumers' reliance on product information and recommendations found in UGC[J]. Journal of Interactive Advertising, 2008, 8(2): 38-49.

合用户需求的文章、图像、音乐和视频等。

AIGC与UGC和PGC相比，具有一些独特的优势。AIGC可以在短时间内生成大量内容，满足用户日益增长的需求。同时，AIGC可以自动化创作，减少人工创作的成本和时间。然而，AIGC也面临一些挑战，如内容原创性、伦理问题和法律责任等，需要谨慎处理。

如图1.1所示，UGC、PGC和AIGC代表不同阶段和不同参与者在内容生成中的角色变化。从用户驱动到专业驱动，再到引入人工智能技术，这个演变过程反映了技术进步和内容创作模式的变革。

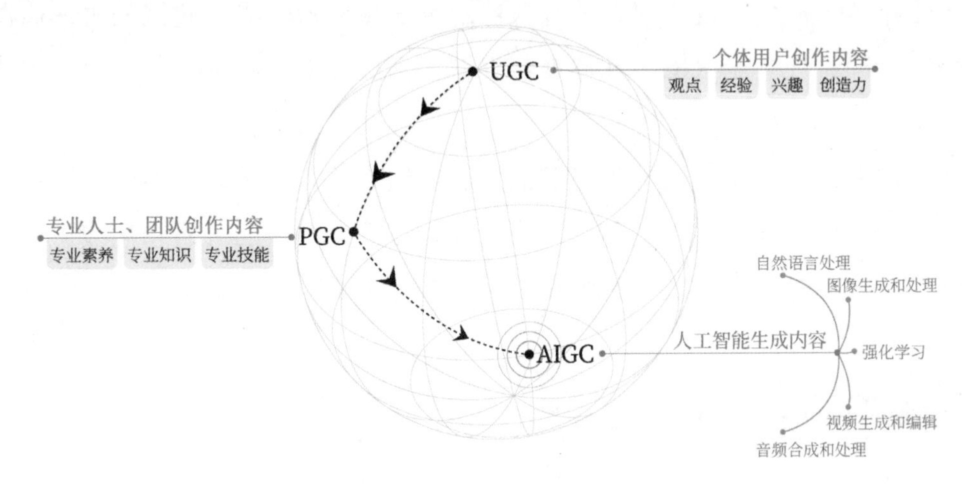

图1.1 从 UGC、PGC 到 AIGC

一、UGC 首秀登场

UGC是由用户主动创作的内容，包括文字、图像、视频、音频等多种形式，它反映了普通用户的观点、经验、兴趣和创造力。用户通常在微博、论坛、视频分享网站等平台上发布和分享自己创作的内容①。

UGC具有用户主导、多样性、即时性和互动性等特点。用户主导即用户自愿创作内容，表达个人观点和分享体验；多样性是指UGC的内容形式多

① PUIGSERVER P, SPIEGELMAN B M. Peroxisome proliferator-activated receptor-V coactivator 1a(PGC-1a): transcriptional coactivator and metabolic regulator[J]. Endocrine Reviews, 2003, 24(1): 78-90.

样，反映不同用户的兴趣和创意；即时性是指UGC往往是实时发布的，可以快速反映事件和趋势；互动性是指UGC鼓励用户之间通过互动和分享形成社群。

UGC的优势在于内容丰富多样，能吸引大量用户参与；能形成独特的创意和观点；鼓励用户互动和分享，可促进用户之间建立社交关系，形成社群；不仅能够快速反映当前事件和趋势，还能及时提供信息和观点。

当然，UGC也面临一些挑战。例如，UGC的质量参差不齐，有些内容可能存在不准确、质量低或违法违规的问题，需要设置有效的筛选和管理机制。此外，UGC可能侵犯他人的版权或违反法律法规，需要建立相关法律框架和合规机制。由于UGC的开放性，存在传播虚假信息和谣言的风险，需要用户加强辨别能力，平台完善信息验证机制。

总体来说，UGC作为一种充满活力和创造力的内容形式，不仅给用户带来了表达自我的机会，也给企业、社会和平台带来了新的机遇和挑战。在数字时代，UGC将继续发挥重要作用，并对多个领域产生深远影响。

二、PGC 持续发力

PGC与UGC相对，PGC强调专业素养、专业知识和专业技能。

PGC具有专业性、可信度和信息价值等特点。专业性指的是PGC由具备专业素养和知识的人士或机构创作，提供专业的观点、见解和信息。可信度，顾名思义，PGC受到专业人士的监督和审查，通常具有较高的可信度和权威性。信息价值指的是PGC注重提供专业知识和专业技能，以满足用户对专业内容的需求。

PGC的优势在于它由专业人士创作，专业人士具备专业知识和经验，能够提供高质量和可信赖的内容。PGC通常涉及专业领域，提供专业知识的深度剖析和全面覆盖[①]。PGC在作者和读者之间形成专业网络，促进专业人士之间的交流和合作。

---

① LIN J, WU H, TARR P T, et al. Transcriptional coactivator PGC- 1α drives the formation of slow-twitch muscle fibres[J]. Nature, 2002, 418(6899): 797-801.

PGC也面临一些挑战，例如，创作PGC需要耗费时间和精力，包括研究、调研、写作和编辑等环节，同时可能需要投入资金和资源。而且PGC的受众通常是特定领域的专业人士或对该领域感兴趣的读者，受众范围相对较小，可能限制内容的传播和影响力。随着行业的不断发展和变化，PGC需要保持更新，以确保内容的准确性和相关性。

综上所述，PGC作为专业人士和机构输出的高质量内容，具有较高的可信度和影响力，对于行业发展、学术研究和商业运作都具有重要作用。然而，PGC也面临着挑战，包括维持更新、受众限制和成本投入等方面。在信息爆炸的时代，PGC的价值仍然不可忽视，它与UGC共同构成了丰富多样的内容生态系统。

三、AIGC引爆热点

AIGC是指通过人工智能技术生成的内容。人工智能可以用于创作文字、图像、音频和视频等多种形式的内容。AIGC的创作过程通常涉及以下技术和方法。

(1) 自然语言处理(natural language processing，NLP)。NLP技术用于处理和生成自然语言文本，包括文本生成、摘要、翻译和对话系统等。

(2) 图像生成和处理。计算机视觉技术可用于生成和处理图像内容，包括图像合成、风格转换和图像增强等。

(3) 音频合成和处理。音频处理技术可用于生成和编辑声音内容，包括语音合成、音乐生成和音频修复等。

(4) 视频生成和编辑。视频生成技术可以利用图像和音频合成方法生成和编辑视频内容，包括场景生成和视频剪辑等。

(5) 强化学习。强化学习算法可用于训练模型，使其生成具有特定目标和约束的内容。

AIGC与UGC和PGC相比，优势更加明显。AIGC不仅可以大大提高内容创作效率，节省时间和人力资源，还可以生成大量内容，并根据用户的偏好和需求进行个性化定制。此外，AIGC可以产生独特和创新的内容，突破传统创作的限制。

AIGC的应用领域非常广泛，包括内容创作、媒体和广告、营销和个性化推荐、虚拟角色和游戏、艺术和创意等。在营销方面，AIGC可以根据用户的兴趣和行为生成个性化的推荐内容，包括产品推荐、新闻推荐和社交媒体内容等。同时，它可以生成虚拟角色的对话和行为，还能设计游戏中的情节和关卡。AIGC也可以生成艺术作品。

总之，AIGC作为一项具有巨大潜力的技术，正在改变内容创作和消费的方式。尽管AIGC面临一些挑战和限制，但随着技术的不断进步和社会适应能力的不断增强，AIGC将在多个领域继续发展，并对创作、传播和消费内容产生深远影响。

第二节　AIGC 的分类

如图1.2所示，AIGC可以根据生成内容、生成技术、生成目的和生成方式进行分类，其中生成技术影响着AIGC的方方面面。

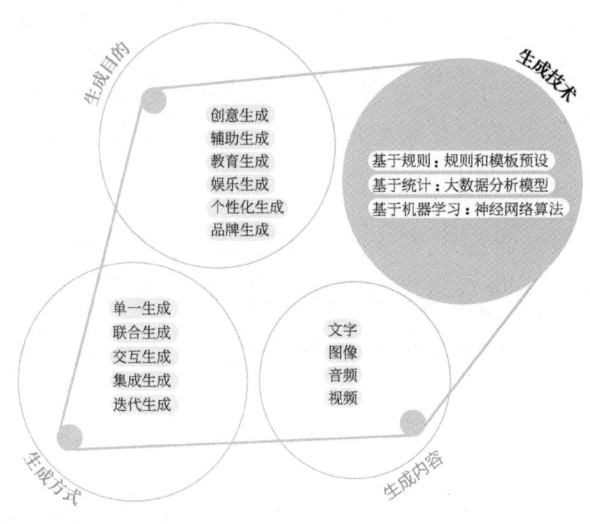

图1.2　AIGC 的分类

一、根据生成内容分类

我们可以根据生成内容类型对AIGC进行分类，具体包括文字、图像、音频和视频等多种形式。

AIGC能够生成各种类型的文字内容，包括文章、新闻报道、故事、对话等。它可以根据给定的主题或写作风格生成与之相符的文字，并且能够模拟不同的语言风格和写作声音。

AIGC可以根据文字描述或简单的指示生成图像内容。它能够生成照片、插图、图表、地图等各种类型的图像，并且可以根据用户需求调整颜色、构图和版式。

AIGC能够生成各种类型的音频内容，包括语音、音乐、声效等。它可以根据指定的语言和情感，生成具有特定语言风格或音乐风格的音频内容。例如，它可以根据文本生成一段具有特定语调的语音①。

AIGC可以生成各种类型的视频内容，包括短片、动画、广告等。它可以将生成的图像、音频和动画效果组合在一起，生成视频片段；也可以根据脚本或指示，控制视频的主题、情节和节奏。

综上所述，AIGC生成内容是多样化和灵活的，它可以根据用户的需求和输入指示生成各种形式的内容。它的应用领域非常广泛，包括文学创作、广告设计、教育培训等。需要注意的是，AIGC生成的内容基于模型的预测和学习，可能存在一定的主观性和创造性。

二、根据生成技术分类

根据生成技术的不同，AIGC可分为如下几类。

---

① CAO Y, LI S, LIU Y, et al. A comprehensive survey of ai-generated content(aigc): A history of generative ai from gan to chatgpt[J]. arXiv preprint arXiv:2303.04226, 2023.

1. 基于规则的生成

基于规则的生成技术使用事先定义的规则和模板来生成内容。规则包括语法、语义和逻辑等方面的规定，它可以确保生成的内容符合特定的要求。例如，在基于规则的文本生成中，首先定义特定句式、词汇选择和句子结构等规则，然后根据这些规则，利用统计模型和概率分布来生成内容[①]。它还可以通过分析大量的训练数据，学习数据中的模式和规律，然后根据这些统计信息生成新内容。例如，基于统计技术的语言模型可以根据单词或短语的出现频率，预测下一个单词，从而生成连贯的句子。

2. 基于机器学习的生成

基于机器学习的生成技术使用机器学习算法和模型来生成内容。它通过对大量数据进行学习和训练，建立模型的表示能力，然后使用该模型生成新内容。例如，基于深度学习的生成模型，如循环神经网络(recurrent neural network，RNN)和生成对抗网络(generative adversarial network，GAN)，可以学习生成文本、图像和音频等多种类型的内容。基于强化学习的生成技术，使用强化学习算法和框架来生成内容。它将生成内容视为一个决策过程，通过与环境的交互学习生成策略，并不断调整生成过程中的决策和行为，以获得更好的生成效果。例如，在基于强化学习的图像生成中，可以通过不断调整生成器网络的参数，使生成的图像更加逼真和符合要求。

这些生成技术可以单独应用，也可以组合使用，以获得更好的生成效果。不同的生成技术在生成内容的质量、效率和灵活性等方面有所差异，适用于不同的应用场景。因此，用户在选择和应用AIGC时，需要根据具体情况考虑生成技术的类别及特点，以确保生成内容的质量和适用性。

三、根据生成目的分类

根据生成目的的不同，可对AIGC进行分类。例如，在营销领域中，

---

① DU H, LI Z, NIYATO D, et al. Enabling AI-Generated Content(AIGC)Services in Wireless Edge Networks[J]. arXiv preprintarXiv:2301.03220, 2023.

AIGC可以生成广告文案、产品说明书等，以满足不同的营销目的；在新闻领域中，AIGC可以生成新闻报道、新闻评论等，以拓展传统媒体的报道范围；在科技领域中，AIGC可以生成科技文章、研究论文等，以推动技术进步；在教育领域中，AIGC可以生成教育材料、测试题等，以提高教学效率。据此进一步细分，可将AIGC分为创意生成、辅助生成、教育生成、娱乐生成、个性化生成和品牌生成。

在创意生成方面，这种类型的AIGC旨在产生具有创意性和独特性的内容。它可以生成艺术作品、诗歌、音乐等具有创意性的内容，旨在启发和激发人们的创造力和想象力①。

在辅助生成方面，这种类型的AIGC旨在帮助人们完成特定任务或提供帮助。它可以生成各种形式的参考资料、报告、文档等，以满足用户对信息的需求。例如，它可以根据用户提出的问题，生成相关的研究报告或技术文档。

在教育生成方面，这种类型的AIGC可以生成教学材料、教科书、练习题等，以帮助学生学习和理解各种学科知识。它还可以根据学生的个性化需求，生成定制化的学习内容和辅助教材。

在娱乐生成方面，这种类型的AIGC旨在提供娱乐和娱乐内容。它可以生成电影剧本、游戏情节、角色对话等，以支持电影、游戏和虚拟现实等娱乐产业的创作和开发。它还可以生成幽默段子、趣味小说等，为用户带来娱乐和轻松的体验②。

在个性化生成方面，这种类型的AIGC旨在根据用户的个性化需求和喜好生成定制化内容。它可以完成个性化推荐、定制化产品设计、个人风格化写作等任务，以满足用户的个性化需求。

在品牌生成方面，这种类型的AIGC旨在帮助品牌和企业进行内容营销和宣传。它可以生成品牌故事、广告语、社交媒体内容等，以提升品牌形象和推广产品或服务。

---

① WU J, GAN W, CHEN Z, et al. AI-generated content(AIGC): A survey[J]. arXiv preprint arXiv:2304.06632, 2023.

② DEWEY J. Experience and education[C]//The educational forum: vol. 50: 3. [S.l. : s.n.], 1986: 241-252.

这些分类仅为示例，实际上AIGC还可以进一步根据具体需求和应用场景进行功能扩展。不同的生成目的需要不同的生成技术和算法来实现，以确保生成内容符合预期目标并具有相应的质量和效果。在应用AIGC时，用户需要根据具体的生成目的和目标选择适当的分类，并进行相应的调整和优化。

四、根据生成方式分类

根据生成方式的不同，可将AIGC分为单一生成、联合生成、交互生成、集成生成和迭代生成。不同的生成方式有着不同的优势和限制，用户应根据具体情况进行选择。

单一生成是指AIGC专注于生成一种类型的内容。例如，专门生成文本的AIGC，专门生成图像、音频或视频的AIGC，它们会根据指令或模型训练生成相关的内容。

联合生成是指AIGC能够同时生成多种类型的内容，并将它们组合在一起形成更综合的结果。例如，AIGC可以生成一篇文章，并为文章生成配图和相关的音频，从而形成完整的多媒体内容[①]。

交互生成是指AIGC能够与用户进行交互，并根据用户的输入和反馈调整和完善生成的内容。通过与用户交互，AIGC可以更好地理解用户的需求和偏好，以生成更符合用户期望的内容。

集成生成是指AIGC能够整合多个不同的模型和算法来生成内容。不同的模型负责不同的任务或内容类型，通过集成它们的生成结果，可以获得更复杂和多样化的内容。例如，AIGC可以同时利用文本生成模型、图像生成模型和音频生成模型来生成一段带有配图和音频的故事。

迭代生成是指AIGC可以根据之前生成的内容进行迭代和改进。它可以通过评估和反馈机制来不断优化生成结果，并根据反馈信息进行调整和学习，

---

① BAILEY R, ARMOUR K, KIRK D, et al. The educational benefits claimed for physical education and school sport: an academic review [J]. Research papers in education, 2009, 24(1): 1-27.

以获得更高质量和更符合用户期望的内容。

按生成方式分类是为了描述AIGC生成内容的不同方式和策略。在实际应用中，用户可以根据具体需求和场景选择合适的生成方式，以获得最佳的生成结果。此外，用户可以根据具体需求对这些生成方式进行组合和调整，以满足复杂和多样化的生成要求。

综上所述，AIGC可以根据不同的分类方式进行分组，不同类别的AIGC并不是互相独立的，用户可以依据不同的应用场景和目的进行选择，以提高生成效果，实现更好的应用效果。在未来，随着人工智能技术的不断发展和创新，AIGC将在各种领域得到更广泛的应用。

第三节　AIGC 的发展历史

如图1.3所示，AIGC的发展历史可以追溯到20世纪80年代，当时的研究人员开始探索利用机器学习和自然语言处理等技术生成文本内容。到了20世纪90年代，随着深度学习算法的发展，研究人员开始探索使用神经网络生成文本。但由于硬件性能和数据量的限制，这些技术的应用受到了很大的限制。

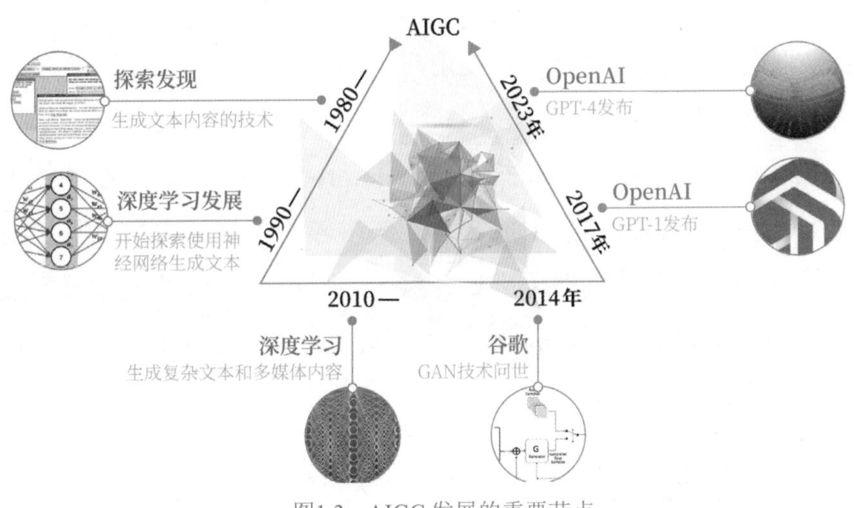

图1.3　AIGC 发展的重要节点

随着互联网的兴起和数据的大量积累，人工智能生成内容技术得以迅速发展。2010年左右，研究人员开始使用深度学习技术生成复杂的文本和多媒体内容。

2014年，谷歌公司发布论文《通过神经网络生成图像》，提出了一种使用神经网络生成图像的方法。这项技术被称为生成对抗网络(generative adversarial networks，GAN)，它可以生成逼真的图像。这是AIGC发展的一个里程碑。

2017年，OpenAI发布了一种新的语言生成模型，称为GPT-1。它使用一种称为“转换器”的神经网络结构，可以生成类似于人类写作的文章。在之后的几年中，GPT-2、GPT-3和GPT-4相继推出，它们的生成效果越来越接近人类写作。

一、早期探索阶段

AIGC的早期探索阶段可以追溯到20世纪80年代，当时的研究人员开始探索利用机器学习和自然语言处理等技术生成文本内容。

在这个时期，人们对于如何使用计算机模拟人类语言的产生和理解充满了好奇。

在20世纪80年代初期，研究人员开始尝试使用基于规则的方法生成文本。这种方法基于语法和句法规则，将用户输入的语言片段转换成规定的文本格式。这种方法存在的问题是需要用户手动编写复杂的规则，并且很难捕捉语言的细微差异和多义性。

随着统计自然语言处理(natural language processing，NLP)技术的兴起，研究人员开始使用概率模型来生成文本。其中较为著名的方法是马尔可夫模型，它是一种基于概率的自然语言处理技术，可以对语言的规律进行建模，但这种方法仍然受到了数据量和计算资源的限制，因为马尔可夫模型需要大量的数据和计算资源来训练[①]。

① CRESWELL A, WHITE T, DUMOULIN V, et al. Generative adversarial networks: An overview[J]. IEEE signal processing magazine, 2018, 35(1): 53-65.

在20世纪90年代，随着深度学习算法的发展，研究人员开始探索使用神经网络生成文本。其中较为著名的方法是循环神经网络(recurrent neural network，RNN)，它可以对序列数据进行建模。这种方法可以学习到语言的长期依赖关系，可以生成更准确的文本，但仍然存在数据量和计算资源的限制。

在这个阶段，人们对于AIGC的研究主要集中在文本生成方面。研究人员探索了很多不同的方法和模型，例如基于规则的方法、统计语言模型、神经网络模型等。虽然这些方法存在一定的局限性，但它们为后来的研究提供了很好的启示。

二、数据和硬件的提升阶段

数据和硬件的提升阶段是指从2000年到2010年的这段时间，数据总量的增加以及硬件性能的大幅提升，使得AIGC的研究和应用得以快速发展。本书将从数据和硬件两个方面详细阐述。

在数据方面，随着互联网的普及和数据存储技术的快速发展，人们可以更方便地获取和处理大量的数据。这为AIGC技术的研究提供了更多的数据支持和数据资源。例如，在语言生成方面，人们可以使用互联网上的大量文本数据来训练模型。在图像生成方面，人们可以使用大量的图像数据来训练模型。在数据标注方面，随着人工智能的快速发展，人们可以使用自动化工具对数据进行标注，从而更快速地获取大量标注数据。这些数据的增加和质量的提升，极大地推动了AIGC技术的发展和应用。

在硬件方面，随着计算机硬件性能的提升和计算资源的大幅增加，研究人员可以使用更复杂和深层次的神经网络模型。例如，GPU的出现使得神经网络的训练速度大幅提升，研究人员可以更快速地训练更深层次的神经网络模型。云计算和分布式计算的发展，使得研究人员可以利用多台计算机进行并行计算，从而更快速地训练和应用复杂的AIGC模型。这些硬件和计算资源的提升，大大促进了AIGC技术的研究和应用，为人工智能产业的发展带来了新动力。

除此之外，数据和硬件的提升也为AIGC技术带来了新的应用场景。例如，在语音识别和自然语言处理领域，AIGC技术可以帮助人们开发语音助手、聊天机器人等智能应用。在图像识别和计算机视觉领域，AIGC技术可以帮助人们开发自动驾驶、安防监控等智能应用。在生物医学和化学领域，AIGC技术可以帮助人们开发新药和新材料等。

在这个阶段，AIGC技术的研究和应用呈现如下趋势。首先，深度学习成为AIGC技术的主流，这种基于神经网络的学习方式可以自动从大量的数据中学习特征和规律，可以实现端到端的学习和预测；其次，自监督学习成为一个新热点，这种学习方式不需要标注数据，而是从未标注的数据中学习[①]，可以大大降低数据标注的成本；最后，AIGC技术开始朝联合学习和跨模态学习方向发展，这种技术可以将多个模态的数据和知识融合起来，从而更好地模拟人类的多模态感知和智能决策能力。

除了技术研究和应用方面的发展，数据和硬件的提升也促进了AIGC产业的发展。越来越多的公司和机构开始投资和研发AIGC技术，同时也出现了一批专门从事AIGC技术研究和应用的公司和机构，如Google、IBM、Facebook、OpenAI等。这些公司和机构在AIGC技术研究和应用方面取得了很多成果，推动了整个行业的发展。

总之，数据和硬件提升阶段是AIGC技术和产业快速发展的时期，数据和硬件的提升促进了AIGC技术的研究和应用，同时也推动了人工智能产业的发展和壮大。在未来，随着数据和硬件的不断提升以及人工智能技术的不断进步，AIGC技术研究将会更加深入，拥有更广泛的应用场景。

三、GAN 技术的引入阶段

GAN是一种新型深度学习网络，被誉为“人工智能领域的一个里程碑”。GAN技术的引入阶段是AIGC技术发展的重要阶段之一。GAN的引入，让AIGC技术有了更多的发展可能性和应用场景，成为人工智能研究和应

① WANG K, GOU C, DUAN Y, et al. Generative adversarial net works: introduction and outlook[J]. IEEE/CAA Journal of Automatica Sinica, 2017, 4(4): 588-598.

用领域的重要进展。

释义 1.4：生成式对抗网络

生成式对抗网络(generative adversarial networks，GAN)是一种用于无监督学习的神经网络，由 Ian Goodfellow 于 2014 年开发。

GAN技术的引入阶段为2014年到2016年。GAN是一种基于对抗训练的生成模型，它包含生成器和判别器。生成器通过学习样本数据的分布，生成与真实样本相似的数据。判别器则用于将真实数据与生成数据区分开来[①]。生成器和判别器相互对抗，互相提高对方的性能，从而达到生成与真实数据分布相似的数据的目的。

GAN技术的引入，对AIGC技术的发展产生了深远的影响。首先，GAN技术可以生成高质量的数据，例如图像、音频、文本等数据，这使得人们可以更加方便地获取并利用大量的数据。其次，GAN技术的生成模型可以用于数据增强、样本生成和模型预训练等任务，为人工智能应用提供了更多的可能性。最后，GAN技术可以用于图像修复、图像融合等领域，能为人们提供更好的视觉和感官体验。

随着GAN技术的不断发展和完善，越来越多的研究人员开始将其应用到实际场景中。例如，在医学影像处理领域，GAN技术可以用于图像分割、图像配准和医学影像生成等任务。在游戏和虚拟现实领域，GAN技术可以用于游戏场景的自动生成和虚拟人物的生成。在文学创作领域，GAN技术可以用于自动生成小说、诗歌等文学作品[②]。

总体来说，GAN技术的引入为AIGC技术的发展注入了新的动力和活力，使得人工智能的应用场景更加丰富和多样化。随着技术的不断完善和推进，GAN技术将会在更多的领域发挥作用，为人们带来更多的惊喜和创新。

---

① METZ L, POOLE B, PFAU D, et al. Unrolled generative adversarial networks[J]. arXiv preprint arXiv:1611.02163, 2016.

② FLORIDI L, CHIRIATTI M. GPT-3: Its nature, scope, limits, and consequences[J]. Minds and Machines, 2020, 30: 681-694.

四、语言生成模型的兴起阶段

语言生成模型是AIGC技术领域的一项重要技术，从2017年至今，语言生成模型被广泛应用。它可以自动生成人类可读的语言，包括文本、对话、故事等。语言生成模型的兴起，为人工智能在文本处理和自然语言处理领域的应用提供了强大的支持。

早期，人们使用基于规则的方法生成文本，这些规则是由专业的语言学家和领域专家手动编写的。这些方法存在一些明显的问题，如规则的维护和更新成本高、模型的可扩展性差等。因此，人们开始尝试使用机器学习方法生成语言。

随着深度学习技术的发展，基于神经网络生成模型的方法成为主流。最早的基于神经网络生成的模型是循环神经网络(recurrent neural network，RNN)和长短时记忆网络(long short-term memory，LSTM)。RNN和LSTM可以根据已生成的文本来预测下一个单词，从而生成连续的文本。这些模型的优点在于可以处理不定长的输入和输出序列，但存在梯度消失的问题，也容易生成重复的文本。

为了解决这些问题，人们开始使用基于变分自编码器(variational auto-encoder，VAE)和GAN的方法进行语言生成。VAE和GAN都是比较先进的生成模型[①]，它们能够生成更加逼真、多样和连贯的文本。VAE和GAN的不同之处在于，VAE通过在隐空间中对输入数据进行编码，并在隐空间中进行插值和解码来生成新的样本；而GAN则是使生成模型和判别模型对抗学习，生成模型产生的样本需要通过判别模型来确定真伪，从而生成更加逼真的样本。

此外，还有一种基于Transformer的语言生成模型，它是目前应用较为广泛的语言生成模型之一。Transformer是由Google在2017年提出的一种新型神经网络结构，它可以处理长序列数据，且效果优于传统的循环神经网络和

---

① ELKINS K, CHUN J. Can GPT-3 pass a Writer’s turing test?[J]. Journal of Cultural Analytics, 2020, 5(2).

卷积神经网络。基于Transformer的语言生成模型主要是GPT系列模型，包括GPT-1、GPT-2和GPT-3。

GPT系列模型的显著特点及关联词如图1.4所示，它主要具有支持多轮对话、支持多种语言的应答交互、在多领域及应用场景的强可扩展性、根据用户兴趣及使用记录生成智能推荐和自我学习能力等特点。GPT模型通过对大规模语料库进行预训练，可以生成与原始文本相似的连贯且语义合理的文本。GPT-2模型在2019年推出后引起了广泛关注，其生成效果非常出色，甚至可以生成足以欺骗人类的假新闻。GPT-3模型在2020年发布，它拥有了迄今为止最大的参数量，可以自动生成文本、代码、音乐甚至图像。

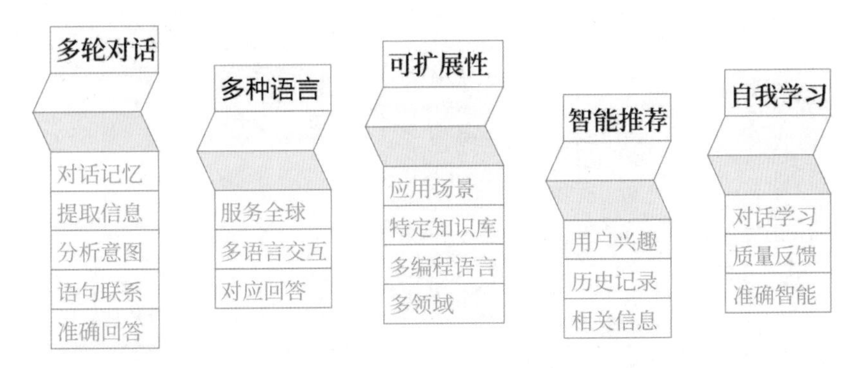

图1.4 GPT 系列模型的显著特点及关联词

语言生成模型还有一些其他应用，如文本摘要、机器翻译、对话系统等。随着自然语言处理技术的不断发展，语言生成模型在人工智能领域的应用前景也越来越广阔。

综上所述，在AIGC的发展历程(见图1.5)中，语言生成模型的兴起对于其技术和产品的进一步完善起到了关键作用。AIGC在语言生成模型的研究和应用方面，不断进行探索和尝试，不断推出更加先进、高效的技术，使得其在人工智能领域中不断保持领先地位。

1950年
图灵测试 - 判断机器是否具有“智能”

1966年
Eliza - 第一款人机对话机器人

1984—1986年
Tangora - 语音控制打字机

2007年
《1 The Road》- 第一部完全由AI创作的小说

2012年
微软 - 全自动同声传译系统

2014年
Lan J.Goodfellow - 生成式对抗网络GAN

2018年
英伟达StyleGAN模型 - 自动生成高质量图片

2019年
DeepMind DVD-GAN模型 - 生成连续性视频

2022年
OpenAI ChatGPT模型 - 生成自然语言文本

20世纪50—90年代中期
早期萌芽阶段
受限于技术水平，AIGC仅限于小范围实验

20世纪90年代—21世纪10年代中期
沉淀积累阶段
AIGC从实验性向实用性转变，受限于算法瓶颈，无法直接生成内容

20世纪90年代—21世纪10年代中期
快速发展阶段
深度学习算法不断迭代，人工智能生成内容百花齐放

图1.5　AIGC 的发展历程

第二章 AIGC的基础技术栈

AIGC的落地离不开多种技术的结合和发展。本章主要介绍AIGC的基础技术栈。通常来讲，AIGC的技术栈涵盖识别的技术、理解与输出的技术、可视的技术和创作的技术四个部分。本章将按照顺序介绍四种技术，讲述AIGC从识别到创作的全过程。

释义 2.1：技术栈

栈是一种数据项按序排列的数据结构，技术栈则是一组堆叠在一起构建应用程序的技术集合。

第一节　识别的技术

在计算机技术发展初期，计算机的输入和输出都是依靠文字进行的。随着计算机技术的发展，这种低效的处理方式逐渐无法满足日益增长的应用需求。有人曾提出这样的疑问："计算机能否以某种方式处理图像、视频等类型的文件呢？"计算机视觉(computer vision，CV)应运而生，它能让计算机系统从图像、视频和其他视觉输入中获取有意义的信息，并根据该信息采取行动或提供建议[①]。AIGC技术想要识别物体，就需要计算机视觉技术发挥作用。

一、识别的关键

对计算机视觉领域的探索始于20世纪50年代。1963年，劳伦斯·罗伯茨(Lawrence Roberts)发表论文《三维固体的机器感知》，他在论文中描述了从二维照片中获得固体物体三维信息的过程，开创了以理解三维场景为目的的计算机视觉研究。

那么，计算机视觉技术如何识别图像呢？计算机将图像解释为一系列像素，每个像素都对应一组颜色值，每个像素的亮度都由8位(1个字节)表示，范围从0(黑色)到255(白色)，作为计算机视觉算法的输入，而算法将负责后续的分析和决策。通常来说，计算机视觉算法将尝试采用人类的方式处理、分析

① IBM. 什么是计算机视觉？ [EB]. https://www.ibm.com/cn-zh/topics/computer-vision.

和理解视觉数据(图像或视频)，并解释和生成结果。常见的计算机视觉系统任务包括以下几种。

(1) 对象分类。算法解析输入的内容，并将照片或视频中的对象按照定义进行分类。如图2.1(a)所示，算法可从多张动物照片中准确找到猫的照片。

(2) 对象标识。算法解析输入的内容，并识别照片或视频中的特定对象。如图2.1(b)所示，算法可以在多张狗的照片中找到指定的狗的照片。

(3) 对象跟踪。算法在视频中找到符合搜索条件的对象，并跟踪其移动。如图2.1(c)所示，算法可以锁定某个过街的行人，跟踪并记录其行动轨迹。

(a)

(b)

(c)

图2.1 计算机视觉系统的常见任务

如今，计算机视觉技术获得了极大的发展。云计算与强大的算法相结合，可以帮助我们解决非常复杂的问题。此外，我们每天生成的大量可公开获取的视觉数据，也在帮助这项技术取得突破。

二、计算机视觉模型

计算机需要通过不同的模型训练，才能对物体进行识别。下面我们简单介绍两个常见的计算机视觉模型：GAN技术和Diffusion模型。

1. GAN技术

GAN技术包含两部分，即生成器和判别器。生成器的作用是生成与真实画面尽可能相似的假图像，判别器的作用是判别给定的图像究竟是真实的图像还是生成器生成的假图像。两者在不断博弈的过程中相互提高自身水平。最终，当判别器在判别能力足够可靠的前提下，仍无法区分给定样本的真假时，我们就可以说生成器能够生成“以假乱真”的样本[①]。

GAN训练的过程可以分为以下两步。

第一步，判别器以损失函数最小化为学习策略进行训练。换句话说，判别器会基于真实数据和生成器生成的假数据进行训练，以检验它是否能够鉴别真伪。

第二步，生成器以损失函数最大化为学习策略进行训练。在判别器被生成器生成的伪数据训练之后，我们可以得到它的鉴别结果并将其用于生成器的训练，使生成器生成更逼真的结果，以尝试欺骗判别器。

如图2.2所示，在这个训练模型中，训练者向算法提出要生成向日葵的图像。在第一次的生成训练中，生成器生成了一张向日葵的图像。但是，由于生成的图像过于模糊，判别器能够识别图像为虚假图像；随后，生成器又进行了第二次生成，这次生成的图像虽然很像向日葵，但图像变成了黑白色，因此还是被判别器成功识别为虚假图像。在第三次生成中，生成器根据之前的反馈，生成了非常逼真的向日葵图像。这次判别器无法判别，训练取得成功。

---

① For GEEKS G. Generative Adversarial Network(GAN)[EB]. https://www.geeksforgeeks.org/generative-adversarial-network-gan/，2019.

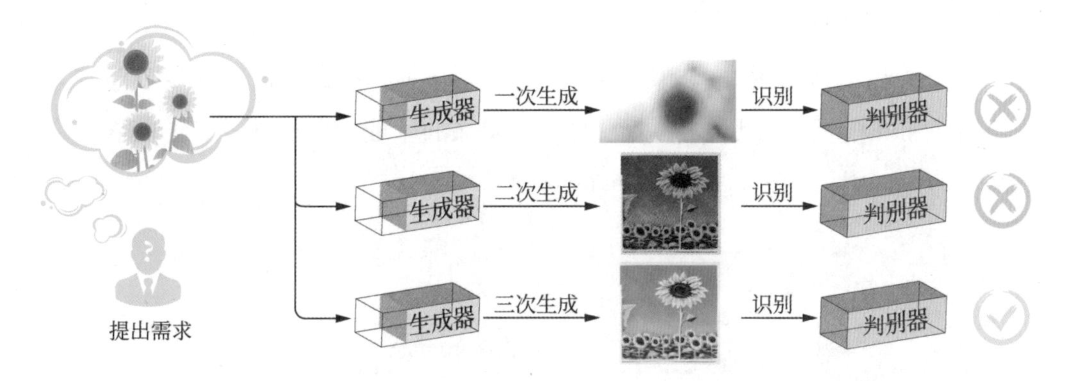

图2.2 生成式对抗网络的工作原理

2. Difussion 模型

Difussion模型在过去几年中广受欢迎。许多人认为，Difussion模型甚至能在图像合成方面击败GAN。它的工作原理是通过连续添加高斯噪声来破坏训练数据，然后通过反转这种噪声过程来恢复数据。在完成训练后，Difussion模型可通过去噪过程将随机采样的噪声生成数据。

更具体地说，Difussion模型是使用固定的马尔可夫链映射到潜在空间的潜变量模型，该链逐渐将噪声添加到数据中。以图2.3为例，为了让Difussion模型进行训练，这张照片被不断地添加噪声直到其无法辨认。而Difussion模型学习的方式则是进行逆向工程，沿着马尔科夫链反转过程，从而把一张充满噪声的照片恢复成原照片。

图2.3 Difussion 模型的学习示例

近年来，Diffusion模型多点发力，多模态技术促使它在文字转图像生成、图像风格变换、文字转3D模型生成等多个领域有所作为。目前，GPT模型所使用的核心技术是生成预训练技术。假如能将生成预训练从GPT模型转移到Difussion模型上，那么就能评估Difussion的生成性能。未来，Diffusion模型将助力AIGC技术为人类带来更好的体验①。

第二节　理解与输出

计算机有着独特的语言，和人类的语言不同，那么，怎样才能让两者的语言相通，让人类的表达被计算机所理解呢？这就要依赖自然语言处理技术。自然语言处理技术在AIGC技术中的应用非常广泛，例如Oracle、Siri、Cortana、Alexa等智能客服。当人们向智能客服提问时，自然语言理解技术能使智能客服正确理解提问的含义，而自然语言生成技术可生成符合提问的回答。本节将按照输入和输出的分类，介绍自然语言处理技术是如何帮助AIGC生成内容的。

一、算法如何理解文本

算法如何理解人类的输入呢？自然语言理解技术(natural language understanding，NLU)作为自然语言处理技术的一个分支，能够通过分解语言片段来帮助计算机理解和解释人类语言。当语音识别技术实时捕获口语、转录并返回文本时，自然语言理解技术能够确定用户的意图。语音识别由统计机器学习方法提供支持，而机器学习模型也会随着时间的推移而改进。算法识别了用户的输入后，将通过以下几个步骤来尝试理解用户输入的内容，即分词、词性标注、语义理解和情感分析。

---

① YANG L, ZHANG Z, SONG Y, et al. Diffusion models: A comprehensive survey of methods and applications[J]. arXiv preprint arXiv:2209.00796, 2022.

1. 分词

分词是自然语言理解技术的一个重要环节。语句是由具有一定含义的单词组成的。因此，将文本切分成有意义的词语序列，可以更好地反映文本的语义和结构，为后续的语言分析打下基础。以汉语为代表的汉藏语系与以英语为代表的印欧语系不同，词与词之间不存在明显的分隔符，而是由遗传连续的字符构成句子[①]。

理解汉语分词的难度高于英语。例如，对“南京市长江大桥”这个短语进行分析，那么“南京市/长江大桥”和“南京市长/江大桥”的含义显然不同。前者表达的是位于南京市的长江大桥，而后者可能是想表达有一位叫江大桥的南京市市长。

分词技术可以使用规则化方法、统计方法或混合方法等来实现。其中，规则化方法通常是通过定义一系列规则和模式，进行词语的识别和切分。统计方法是通过分析语料库中的大量语言数据，以及学习单词和词语之间的关系，从而自动分词。混合方法则大多是采用一种分词方法后，再使用其他分词方法作为辅助[②]。总而言之，分词是自然语言处理技术的基础和核心环节，它对于机器准确理解和处理自然语言文本至关重要。

2. 词性标注

词性标注是自然语言理解技术的重要环节，有助于语言算法进一步理解文本。为每个分词赋予一个语法角色，有助于语言算法划定词汇上下文的范围，为后续的语言生成提供支持。通常而言，词性可分为动词、名词、形容词和助词等，这些词性也可以进一步细分，如按时间、地点、人名等细节进行分类。

图2.4呈现的是一个词性标注的案例。在这个案例中，两句话被标注为多种不同的词性，包括其他名词(NN)、其他动词(VV)、专有名词(NR)和系动词(VC)等。当然，在其他的软件中也存在不同的词性分类方法。

---

① 刘挺，秦兵，赵军，等. 自然语言处理 [M]. 北京： 高等教育出版社，2021.

② 杜振东，涂铭. 会话式 AI：自然语言处理与人机交互 [M]. 北京：机械工业出版社，2020.

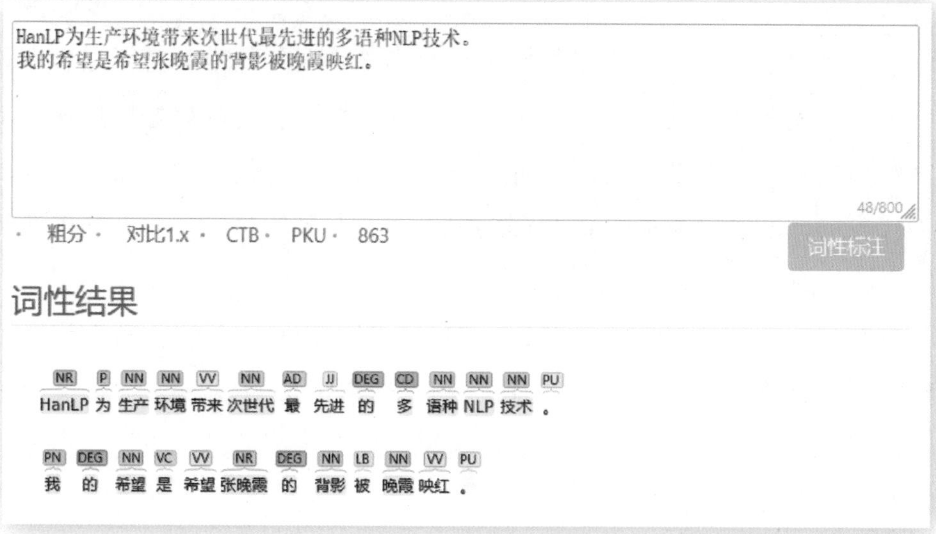

图2.4 词性标注的案例

3. 语义理解

完成词性标注后，接下来进入语义理解步骤。

释义 2.2：语义

语义通常是指文本所表达的实际含义或意义，包括词语、句子、对话等不同层次。

语义不仅指文本的字面含义，还包括文本隐含的情感、主题、目的等方面的信息。例如，“今天天气不错”这个句子。从表面上看，这个句子表达的是今天的天气很好；但是从语义上分析，这个句子可能传递出更深层次的含义，比如讲述人告诉别人自己今天心情很好、今天可以出门活动、今天比较适合进行户外运动。

这些深层次的含义可以通过分析句子语境、上下文等来体会。在实际应用中，语义理解技术可以帮助计算机更准确、更全面地处理文本。AIGC技术可以根据用户输入的问题，理解问题的语义，然后从海量文本中自动获取和整合答案，为用户提供准确和有用的信息。

在自然语言处理中，语义理解可以通过多种方法实现，如基于规则的方法、基于统计的方法、基于语义知识库的方法等。其中，基于语义知识库的方法是目前比较流行的一种方法，它利用大量的语义资源，通过深入分析词汇、句法和语义关系，实现对文本的自动理解。

总之，语义是自然语言处理技术涉及的一个重要概念，它是计算机理解文本的核心和基础。语义理解技术的发展将为自然语言处理技术的广泛应用提供强大和高效的支持。

4. 情感分析

在完成语义理解后，下面要做的就是尝试对语言中的情感进行分析。情感分析算法通过对大量数据进行分析和训练，建立情感分类模型，尝试判断文本中的喜怒哀乐等情绪。除了情绪分类，情感分析的其他应用包括以下几种[①]。

(1) 观点识别。给定的文本中究竟是列出了逻辑观点，还是充满情绪呢？观点识别能够对文本中的观点进行判断。

(2) 情感极性判别。通过将情绪分为褒义、贬义或中性，可以判断文本中的情绪倾向性。

(3) 情感强度判别。“我有点不舒服”和“我非常不舒服”显然表达了不同程度的情感。通过对情感的程度打分，可以在情感极性判别的基础上明确情感的强度。

二、算法如何理解音频

在上一个小节中，我们讲述了算法如何理解文本输入。那么有没有能够直接理解人类语音的技术呢？语音识别技术(automatic speech recognition，ASR)能够让人类与机器直接通过语音沟通。机器根据人类语音执行命令或者将语音转化为文字输出，完成从语音序列到文本序列的映射[②]。

如图2.5所示，语音识别框架主要由声学模型、发音词典、语言模型组

① 刘挺，秦兵，赵军，等. 自然语言处理 [M]. 北京： 高等教育出版社，2021.

② 语音识别技术科普与发展历史 [J]. 科技视界，2023，404(02)：38-39.

成。首先，对语音进行预处理，建立声学模型；其次，通过训练文本数据建立语言模型；再次，基于文本数据建立发音词典；最后，将声学模型、语言模型、发音词典组成解码器来输出识别结果。

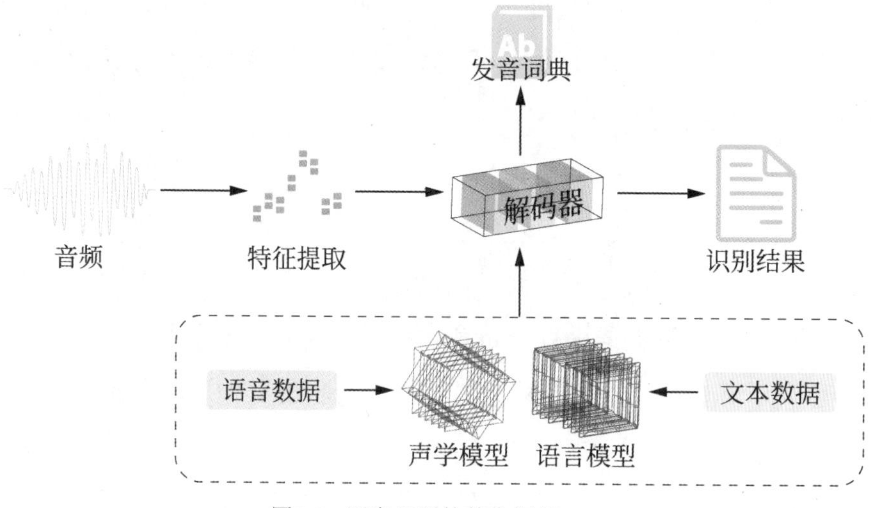

图2.5　语音识别的基本框架

随着技术的发展，目前已有多种语音识别的建模方法，包括DTW、DNN-HMM和E2E模型等，本节将对这些模型进行简单介绍。

1. DTW

起初，语音识别的思路是比较标准语音的声波和样本声波，以此来进行语音识别。然而，传统的时间序列匹配对声波的吻合程度要求非常高，导致许多样本无法被识别。动态时间规整(dynamic time warping，DTW)通过弯折时间曲线来匹配时间序列，解决了传统的欧氏距离无法解决的时间序列不能对齐的问题。目前，动态时间规整技术被广泛运用于金融分析、健身追踪器和GPS中的导航功能等[①]。

2. DNN-HMM

深度学习的快速发展带动了语音处理技术的进步。由于深度学习具有强

① PORTILLA R, HEINTZ B.Understanding Dynamic Time Warping[EB].https://www.databricks.com/blog/2019/04/30/understanding-dynamic-time-warping.html.

大的建模能力，许多公司都试图在这一方向取得突破。深度神经网络—隐马尔可夫链模型(Deep Neural Network-Hidden Markov Model)在2012年由微软研究院提出。由于技术成熟，隐马尔可夫链已被应用于天气预报、语音识别等领域。深度学习与隐马尔可夫链的合作，能够应对更加复杂的语音变化情况，相较以往的模型，其技术水平有着较大幅度的提升①。

3. E2E

端到端(end to end，E2E)模型是近年来流行的一款语音识别模型。如图2.6所示，E2E模型和传统的语音识别模型不同，它将语音识别建模中的声学模型、发音词典、语言模型组合成为一个模型，直接实现语音识别。E2E模型的词汇错误率远远低于传统模型。

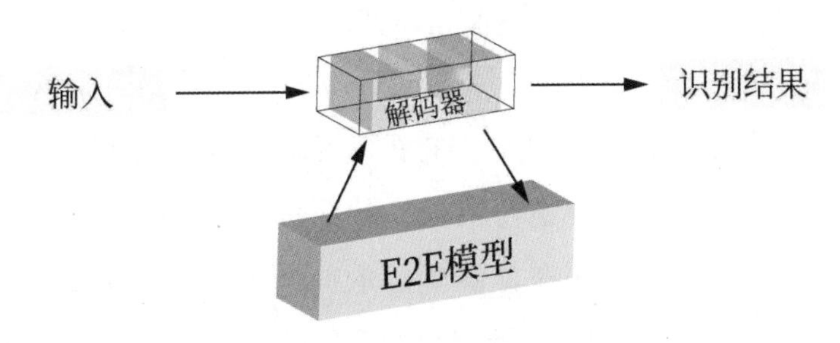

图2.6 E2E 模型框架

三、算法如何输出文本

GPT不是横空出世的，提起它就难免要提起促使自然语言处理广为人知的各种技术，比如编码器和解码器、注意力机制、Transformer模型以及预训练思想。那么，到底什么是解码器和编码器呢？注意力机制是什么？它解决了什么问题？Transformer模型为什么这么重要？作为自然语言处理技术不可或缺的一个部分，自然语言生成(natural language generation，NLG)技术能够生成符合人类逻辑的语言，帮助智能客服等众多人工智能服务器输出对人

① 洪青阳，李琳. 语音识别：原理与应用 [M]. 北京：电子工业出版社，2022.

类的回应。本节将简要介绍三种常见的自然语言生成算法，即Transformer、BERT和GPT。

在讲述算法之前，我们应当了解算法的发展历程。明确文本的顺序概念是算法发展中的重要一环。显然，“猫吃了鱼”和“鱼吃了猫”这两个句子的语义是完全不同的。然而，传统的前馈神经网络(feedforward neural network，FNN)和卷积神经网络(convolutional neural networks，CNN)等模型不能将语序纳入模型的学习范围，它们也无法理解语序不同带来的语义差别。于是，循环神经网络(recurrent neural network，RNN)应运而生，它只向模型传送一个输入数据，并且按照序列前进的方向，令模型进行递归学习①。

虽然RNN模型能够理解语序带来的语义之差，但是它没有考虑到翻译任务中不同语言的语序不一致的问题，尤其是当需要翻译的文本中出现倒装句、排比句等长难句时，翻译结果和原文的含义大相径庭。

注意力(attention)机制是一种尝试解决RNN模型既不能双向捕获上下文也不能并行计算的问题的机制②。注意力机制的好处有两点：首先，它通过控制相应参数的权重来影响学习结果，从而解决RNN模型的梯度消失问题；其次，由于注意力机制不存在计算顺序的问题，可以用并行计算的方式来实现。此外，注意力机制可以灵活调整参数权重，这为提高大参数量的语言模型理解能力提供了无限可能。

1. Transformer

Transformer模型通过应用注意力机制解决RNN模型中的各种问题。图2.7呈现的是Transformer模型架构。图中左边部分是Transformer模型的编码器，右边部分则是解码器。

---

① MEDSKER L R, JAIN L. Recurrent neural networks[J]. Design and Applications, 2001(5): 64-67.

② VASWANI A, SHAZEER N, PARMAR N, et al. Attention is all you need[J]. Advances in neural information processing systems, 2017(30).

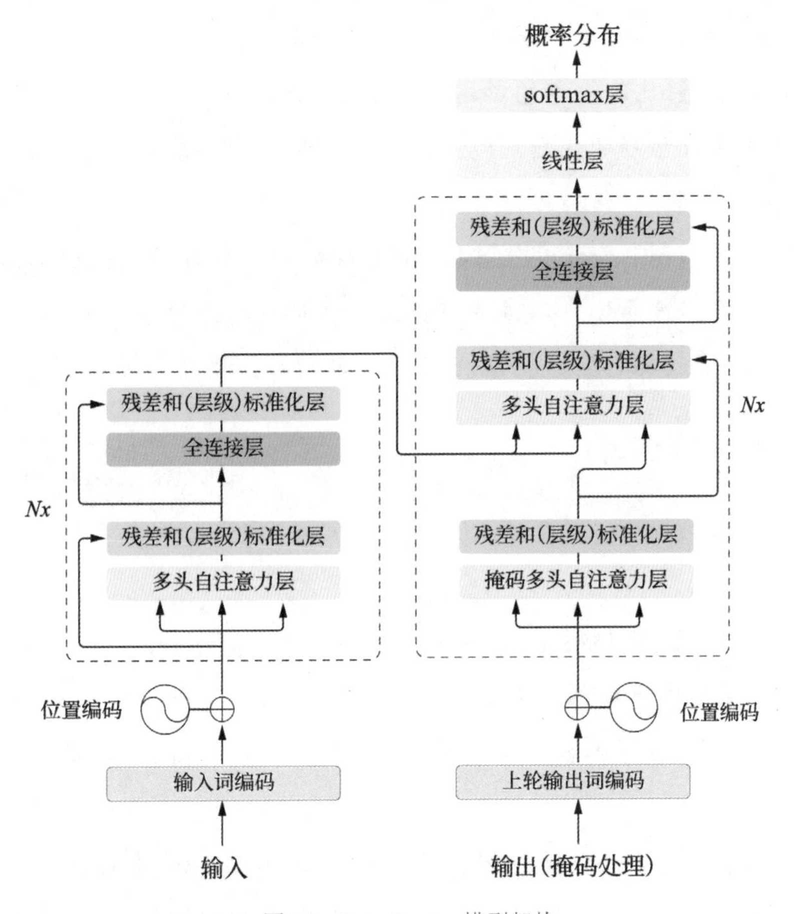

图2.7 Transformer 模型架构

以将中文翻译成英文的任务为例，模型用左边的编码器输入单词，获取每一个单词的Q值和K值，随后将其输送到解码器；解码器每次预测一个英文单词的内容，在每次预测时都将之前的预测结果输入解码器；解码器结合之前输出的英文内容以及编码器传输的中文Q值和K值，预测下一个英文单词的内容。

Transformer编码器由四部分组成，即多头自注意力计算层、残差和(层级)标准化层、全连接层、第二个残差和(层级)标准化层。它们各自的功能如下所述。

(1) 多头自注意力(multi-headed self-attention)机制。编码器使用多头自注意力机制进行注意力计算。这里的多头自注意力机制可以理解为将多个自注意力计算结果合并在一起。

(2) 残差和(层级)标准化层(layer normalization)。完成自注意力计算后，还需要经过残差层(就是简单的加运算)和(层级)标准化层。残差层可解决深层神经网络无法有效学习的问题。(层级)标准化层可消除输入长度不同对模型预测结果的影响。

(3) 全连接层(fully connected layer)。该层的设计目的是通过激活函数对数据进行一次非线性变换，以进一步激活模型对数据的学习能力。

(4) 第二个残差和(层级)标准化层。此层的作用与第一个残差和(层级)标准化层的作用一致。

2. BERT

2019年，谷歌推出的BERT(bidirectional encoder representations from transformers)模型成为自然语言处理领域的一次重大突破。BERT是一种预训练模型，它可以自动学习自然语言中的上下文信息，从而在自然语言处理任务中取得先进结果。

BERT模型是对Transformer模型的堆叠。不同的Transformer模型在堆叠后，可以形成一个神经网络，最终形成BERT模型的主体部分。BERT可以基于大规模未标记的文本数据进行无监督预训练，学习通用的语言表征，然后通过微调进行特定任务预测。BERT模型可以通过双向语言模型预训练理解上下文信息，从而优化其在各种自然语言处理任务中的表现。

3. GPT

既然提到了文本生成模型，那怎么能少了大热的ChatGPT(chat generative pretrained transformer)呢？实际上，ChatGPT所使用的模型就是来源于OpenAI团队于2018年推出的首个版本的GPT模型，又名GPT-1。它是一种基于变换器的预训练语言模型，它能完成自然、流畅的语言输出。GPT-1的成功开发引领了预训练语言模型技术的发展，成为自然语言处理领域的重大突破。

GPT-1模型(见图2.8)的核心是一个基于变换器的编码器—解码器框架，它可以自动学习语言的规则和模式，从而生成自然、连贯的文本。该模型在预训练过程中使用大规模的未标记数据，然后通过微调来适应特定任务。GPT-1在多个自然语言处理任务中取得了优异的表现，包括文本生成、机器翻译、语言推断等。

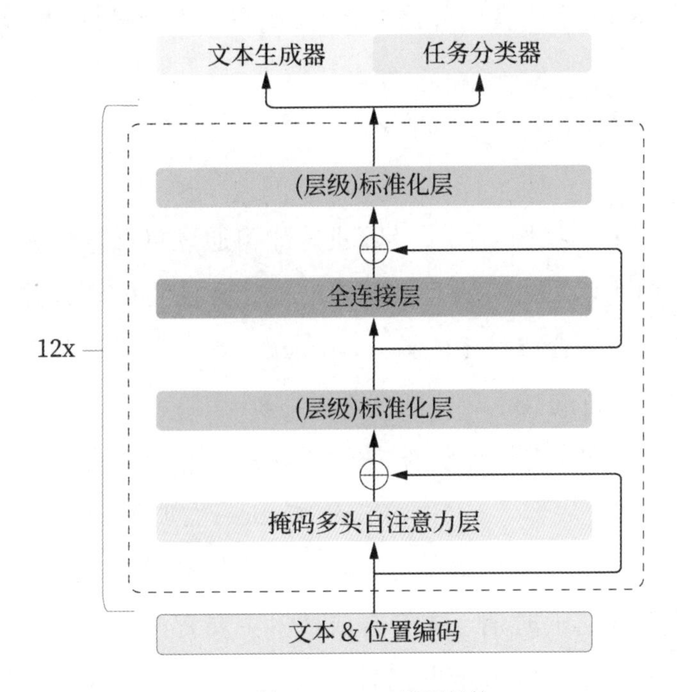

图2.8 GPT-1 模型架构

如图2.8所示，GPT-1将12个Transformer模型的解码器叠加，最终得到了一种预训练语言模型。与其他预训练语言模型一样，GPT-1完成各种具体任务要经过两个步骤：预训练与微调。预训练阶段的目标是通过设置合理的预训练任务，使GPT-1模型能够理解文本；微调阶段的目标是通过监督训练完成具体的任务，如情感分析、分类分析等。

随着时间的推移，GPT-1不断被优化。2019年，OpenAI团队发布了更新版本的GPT-2模型，其核心思想是舍弃GPT-1的微调环节，在预训练后将合理的问题作为输入，令模型直接通过文字生成的方式生成答案。这种输入被称为“prompt”。以文本情感分类任务为例，要判断“我今天很不开心”的情感，可以设计相应的prompt来表达具体问题，通过文本生成模型可以直接生成“积极”或“消极”两个结果，从而完成文本分类。

此后，OpenAI的研究员们受到GPT-2不需要微调即可完成下游任务的启发，提出在设计prompt时加入一定的提示，以优化模型完成具体任务的表现，于是GPT-3模型产生。GPT-3的训练数据不再是单纯的自然语言文本，而是针对具体任务的高质量prompt。由于数据量的大幅度增加，GPT-3执行具体任务的准确率要远远高于GPT-2，它能够输出更符合人类喜好的回答。

四、算法如何输出音频

在之前的小节中，我们介绍了计算机是如何通过算法来理解音频的。那么在理解了音频内容以后，有没有什么方法能让算法生成音频并输出呢？答案是显而易见的，语音合成技术(text to speech，TTS)就是一种可以将任意输入文本转换成相应语音的技术。

20世纪初，人们通常使用电子方法来合成语言。例如，1939年Homer Dudley发明的VODER语音合成器、1950年Frank Cooper发明的模式播放器和1953年C. Chapman发明的共振峰合成器等。随着计算机技术的逐步推广，语音合成步骤更加简单。在这一时期，语音合成技术主要有两种：数字式共振峰语音合成和波形拼接合成。进入新世纪后，随着人工智能等技术的快速发展，神经网络和深度学习被用来训练语音合成，计算机的模拟人声也更加自然成熟[①]。

语音合成系统包括文本分析、韵律建模和语音合成三个部分。其中，语音合成可归纳为三个步骤：第一步，根据韵律建模结果，从原始语音库中调取对应的语音基元；第二步，利用特定的语音合成技术对语音基元进行韵律调整和修改；第三步，合成并输出用户期望的语音[②]。

本节将介绍一个著名的AI语音合成模型——Tacotron模型[③]。

2017年，谷歌公司提出的Tacotron模型成为AI在语音合成应用领域的里程碑。如图2.9所示，Tacotron模型是一个基于自注意力机制的端到端语音合成模型。它包括一个编码器、一个基于自注意力机制的解码器和一个后处理

① 吕士楠，初敏，许洁萍，等. 汉语语音合成——原理和技术 [M]. 北京：科学出版社，2012.
② 魏伟华. 语音合成技术综述及研究现状 [J]. 软件，2020，41(12).
③ 陈志业，张智骞，王兵，等. AI 语音合成技术的应用与展望 [J]. 影视制作，2023，29(03).

网络。模型输入文字，生成声谱图帧，最后转换为波形。

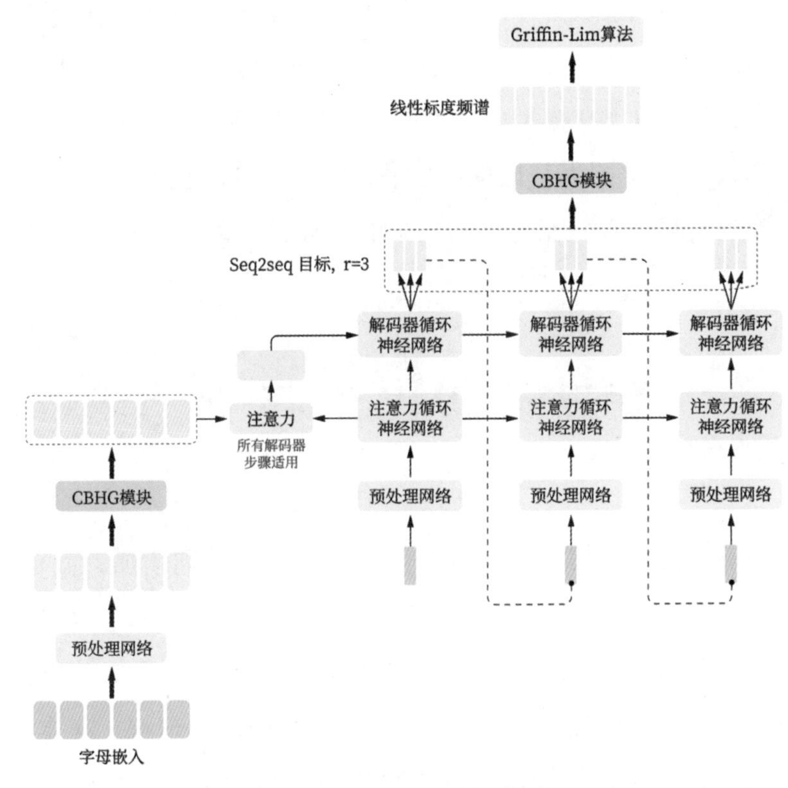

图2.9 Tacotron 模型架构

图2.9的左侧部分是一个CBHG模型。该模型由一维卷积滤波器组、高速网络、双向门控递归单元和递归神经网络组成。CBHG的输入序列首先经卷积滤波器进行卷积，这些滤波器将对局部和上下文信息进行建模。在进一步处理后，卷积输出将被输送到多层高速网络中以提取高级特征。最终，顶部的双向门控递归单元和递归神经网络将双向从上下文中提取顺序特征，提取完的特征仍需要进行一系列预处理。

图2.9的右下方是预处理模块，其中包括编码器。CBHG模块会将输出转换为注意力模块并使用编码器格式。随后，图2.9右侧的解码器就会将预处理完成的输入转换为80波段梅尔谱图，最终使用Griffin-Lim(格林芬-林)算法从预测的频谱图中合成波形[①]。

① WANG Y, SKERRY-RYAN R, STANTON D, et al. Tacotron: Towards end-to-end speech ynthesis[J]. arXiv preprint arXiv:1703.10135,2017.

Tacotron有一个明显的缺点，它只能生成最终波形的Griffin-Lim算法，这个算法只是一种临时措施。因此，在2018年，Tacotron2模型被开发出来，用于改进生成的问题。Tacotron2模型和原模型相比，在结构上有所调整。例如，CBHG模块不再出现在模型中，而是使用LSTM和卷积层作为替代，模型的输出也变为以梅尔谱图为基础的声波样本[①]。经过改良的Tacotron2模型生成的语音更接近人类语音，在各项测试中的得分也显著优于Tacotron模型。

第三节　从输出到可视

伴随着计算机技术的发展，各行各业积累的数据不断增加。截至2022年6月，我国网站数量为398万个[②]，如此多的网页，一个人一辈子也看不完。因此，把数据以某种方式组织起来制作成图表等易于理解的形式，能够有效提高数据沟通效率，从而使AIGC生成的内容更容易被读者理解。在本节中，我们将首先介绍数据可视化的概念，其次提出数据可视化的十条建议，最后展望数据可视化的未来。

一、数据可视化技术

数据可视化是信息和数据的图形表示[③]。通过使用图表等可视化元素，数据可视化工具为用户查看和理解数据反映的趋势、查找异常值等提供了一种绝佳的方式。在大数据时代，数据可视化工具和技术对于分析海量信息和做出数据驱动的决策至关重要，一个好的可视化图表甚至能够讲述一个故事。

① SHEN J, PANG R, WEISS R J, et al. Natural TTS Synthesis by Conditioning WaveNet on Mel Spectrogram Predictions[Z]. 2018. arXiv: 1712.05884[cs.CL].

② 中国互联网络信息中心. 中国互联网络发展状况统计报告 [EB]. https://www.thepaper.cn/newsDetail_forward_20105580，2022.

③ 陈为. 数据可视化 [M]. 北京：电子工业出版社，2019.

释义 2.3：数据可视化技术

数据可视化技术是指利用人眼的感知能力，对数据进行交互的可视表达，以增强认知的技术。

如今，数据可视化的快速发展极大地改变了企业的格局。随着数据总量的不断增大，大数据概念开始出现。大数据可视化可以用来描述几乎任何类型的数据，如数字、函数、代数、几何、算法、编码、图形等。它不再是简单的气泡图、直方图、饼图，而是通过更复杂的表现形式帮助决策者识别数据的关联。大数据技术使信息识别变得更容易，揭示普通可视化中人力找不到的关联，更加高效地帮助决策者进行决策。

二、数据可视化的建议

在数据可视化过程中，用户往往会遇到不少难题。例如，如果所有对象的颜色都非常相似，那么用户就很难理解其中的区别；如果横轴或纵轴被故意拉长，那么可能会误导用户。实际上，许多视觉效果的问题都可以通过一些简单的步骤来改进或者避免。我们根据Stephen等人的论文，总结出数据可视化的十条建议[①]，如图2.10所示。这十条建议旨在帮助数据可视化的创造者改进视觉信息呈现效果，帮助用户获得更好的阅读体验。

1. 构思图表

在开始工作之前，首先应该考虑这样一个问题：图表传达的核心信息是什么？这些信息又将如何论证观点？你的目标是显示数据的对比、排名还是变化？假设要对一条主干道每小时的车流量进行调查分析，那么就应该明确数据可视化的目的——是将数据以小时为单位排列，还是以天为单位排列？是想比较同一天高峰期和低谷期的车流量，还是比较不同天高峰期的车流量？

① MIDWAY S R. Principles of effective data visualization[J]. Patterns,2020, 1(9): 100141.

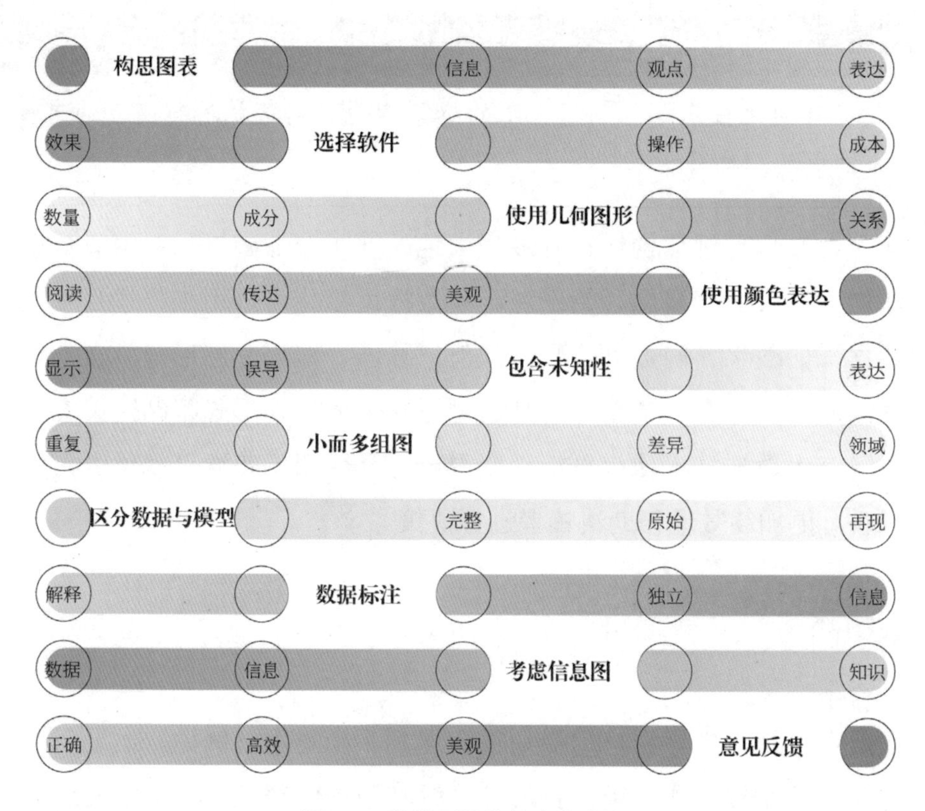

图2.10　数据可视化的十条建议

2. 选择软件

数据可视化效果通常需要一个或多个软件来呈现。为了生成更好的可视化效果，用户可能需要花费金钱和时间学习使用新软件。如果选择功能较为简单的软件，那么数据可视化效果也许会大打折扣。

3. 使用几何图形

几何图形是数据可视化过程中常见的图形，比如用条形几何创建的条形图。将几何图形直接与集中的数据进行配对，可提升数据可视化效果。

4. 使用颜色表达

颜色对于阅读体验的影响较大。用户如果在白纸黑字中看见一些彩色，可以提升阅读体验。常见的配色方案有顺序、发散或定性方案。在顺序配色方案中，颜色从亮到暗，用一种或两种相关色调来传达信息变化，或者使用两个极端颜色作为对比；发散配色方案的经典例子是从红到蓝的渐变，比如在美国大选中显示美国各州对两党的支持度；定性配色方案则是使用不相关的颜色来表达群体之间的差异。

5. 包含未知性

人类社会中存在许多不确定性因素，数据可视化也是如此。几何图形太容易误导用户，例如误差条和阴影间隔、方框图或分布图每段的长短不同。正确的图表应该包含不确定性因素，这样才能让用户进行多角度思考。

6. 小而多组图

一种特别有效的数据可视化方法是重复一个图形以突出不同图形之间的差异，这种方法也称为小而多组图。小而多组图背后的设计策略是在同样的数据中，差异更容易显示。当图像中的变化较为细微，或是制作者想要突出变化的时候，就可以使用这种策略。

7. 区分数据与模型

在学术论文中，所有原始数据都必须完整呈现。可是，如果将所有数据都转化为可视化图表会过于臃肿和烦琐。用户应当考虑，究竟哪些数据更能体现论文的结论？显然，只有那些重要的数据才应当被制成图表。

8. 数据标注

制作可视化图表很重要，和它同样重要的是详细解释图表中的信息。《美国医学杂志》上的一项研究发现，超过三分之一的论文中的图表无法自我解释[①]。对于那些较为复杂的图表或模型，应使用更多文字作为标注，负责向用户解释信息。

---

① COOPER R J, SCHRIGER D L, CLOSE R J. Graphical literacy: the quality of graphs in a largecirculation journal[J]. Annals of emergency medicine, 2002, 40(3): 317-322.

9. 考虑信息图

信息图是一种数据可视化表现形式，它可以将数据、信息或者知识集中在一张图上来展示。制作信息图的目的是将需要传达的数据、信息或者知识以图像的形式表现出来，让用户一目了然。

10. 意见反馈

在完成可视化图表制作后，制作者怎样才能知道可视化效果好不好呢？最简单的方式就是寻求他人的评价。数据可视化效果应当从三个方面来评价：首先是正确性，即数据必须是真实可靠的，应当避免歪曲结论；其次是高效性，好的数据可视化效果应当尽量删除无关的内容，防止用户的注意力被吸引；最后是美观性，好的数据可视化效果应当能够激发读者的主动性，这就需要制作者从艺术的角度来进行设计和思考①。

三、数据可视化技术与元宇宙

AIGC技术可以生成图像，因此它也被认为是数据可视化技术的一种升级版本。目前，AIGC在数据可视化领域已经产出一定的成果，大部分AIGC的数据可视化案例都来自元宇宙。

元宇宙需要强大的计算能力来满足各种功能和服务需求，计算能力将决定元宇宙的上限。计算能力包括高清3D渲染计算能力、低延迟网络数据传输能力、多种类型的物理模拟能力，而要实现这些功能都需要数据可视化作为基石。同时，元宇宙还使用AI进行人机交互。只有拥有强大计算能力的AI才能构建高度逼真的数字世界，实现数亿用户之间的实时交互。用户的诉求对元宇宙计算能力的运行提出了更高的要求，而只有AIGC技术才能帮助元宇宙满足这些要求②。

---

① 陈为. 数据可视化 [M]. 北京：电子工业出版社，2019.

② SUN J, GAN W, CHAO H C, et al. Metaverse: Survey, applications, security, and opportunities[J]. arXiv preprint arXiv:2210.07990, 2022.

例如，在元宇宙中，数字孪生辅助驾驶技术能够协助自动驾驶技术发挥作用，帮助元宇宙建立更加可靠的交通系统。数据和AI算法对于数字孪生辅助驾驶技术都至关重要。Niaz等人通过数字孪生辅助驾驶技术开发出自动驾驶的框架。他们使用V2X通信连接虚拟空间和物理空间，以提高驾驶安全性和交通效率。不管是纯虚拟驾驶、传感器数据采集还是驾驶模拟，都可以在这个框架中运行[①]。

第四节 从可视到创作

AI可以生成图像，但AI生成的图像符合人类的审美吗？随着电子艺术的发展和人类对AI的不断训练学习，AI逐渐开始理解人类的审美，并输出符合人类审美的图片。如今，AIGC技术能够生成更加具有艺术性的内容。本节首先介绍电子艺术及相关概念的发展历程；其次把视角放在AI技术和电子艺术的结合上；最后在明确AI技术对电子艺术的帮助后，我们将解释AI是如何理解电子艺术的。

一、跳出传统的 AI 艺术

从概念上讲，数字艺术的起源可以追溯到20世纪上半叶前卫艺术运动中出现的思想和意识形态。现代主义、未来主义、抽象主义等艺术运动响应了科技的快速发展和战争带来的科学新发现。前所未有的人员流动和思想交流，为日益全球化的社会铺垫了基础。尽管艺术家们早就对计算机非常感兴趣，但计算机作为艺术工具的巨大潜力直到20世纪50年代才开始被发掘[②]。

---

① XU M, NIYATO D, CHEN J, et al. Generative AI-empowered Simulation for Autonomous Driving in Vehicular Mixed Reality Metaverses [J]. arXiv preprint arXiv:2302.08418, 2023.

② PAUL C. Digital Art(World of Art)[M]. [S.l.]: Thames & Hudson, 2015.

1952年，Ben Laposky创作了第一幅生成式的艺术图片——《振荡器40》。1973年，美国计算机科学家哈罗德·科恩用他开发的一个名为AARON的程序创作了第一幅人工智能画作。AARON是科恩根据编程规则设定的生成艺术程序，其中包含不同的规则，例如基本操作“画一条蓝线”，使用这条规则，AARON能够生成由各种蓝线组成的图画①。

2014年，生成式对抗网络的出现再一次推动了人工智能艺术的浪潮。生成式对抗网络能够生成逼真的图像，创作令人惊叹的艺术品。谷歌于2015年发布的DeepDream是一种基于卷积神经网络的图像处理技术，旨在发现和增强图像中的视觉模式和特征。模式是在随机或复杂信息中寻找并赋予有序或可识别结构或特征的趋势，尽管这些结构实际上可能不存在。这种趋势使我们常常倾向于将人类特征、形状或对象分配给看似随机的刺激，如在云层中寻找物体的形状或将吐司面包的图案视为一张脸。DeepDream的工作原理是先拍摄图像，然后通过神经网络进行传递。神经网络经过训练，可识别某些视觉特征，例如形状或颜色。当图像通过神经网络时，程序会寻找这些模式，更改图像，使其特点更明显。这种模式随后会反复出现，使图像的特点变得越来越明显，最终生成由计算机创作的夸张图像②。

2017年，CycleGAN发明了可以将不同图片的一部分混合在一起的算法。这种算法拼接图片，从而实现真正意义上的图片生成。2021年和2022年连续发布的DALL-E和DALL-E2成为AI艺术的集大成者。在众多技术加持下，这些模型可以生成和真实照片看上去完全一致的图片。

图2.11展示了AI艺术的发展历程。

---

① CAFE N. What Is the First AI Art And When Was it Created?[EB]. https://nightcafe.studio/blogs/info/what-is-the-first-ai-art-and-when-was-it-created, 2022.

② CAFE N. How Does Google DeepDream Work?[EB]. https://nightcafe.studio/blogs/info/how-does-google-deepdream-work, 2022.

图2.11 AI艺术的发展历程

二、AI艺术：从理论走向实践

要想让AI生成高难度的图片，应首先让AI对现有艺术作品进行学习、训练和模仿。本节将简单地介绍AI常用的训练方式：卷积神经网络和神经风格迁移。

1. 卷积神经网络

神经网络是以人类大脑为模型的网络。网络中由单独的节点构成网络的各个层，各个层中的节点的输入具有不同的权重，权重能改变参数对预测结果的影响。由于权重是在节点之间的链接上分配的，每个节点可能会受到多个权重的影响。神经网络能获取输入层中的所有训练数据，它通过隐藏层传递数据，根据每个节点的权重变换值，最后返回一个值。

卷积神经网络(convolutional neural networks，CNN)是一种特殊的多层神经网络。它能处理网格状排列的数据，然后从中提取重要特征。相较于普通神经网络，卷积神经网络的一个优势是它不需要对图像进行大量预处理。卷积神经网络通过不同层的卷积核将原始数据一层层压缩，因此即使有大量的数据集，也可以实时进行微调①。

卷积神经网络架构是基于神经节点的结构。如图2.12所示，网络由称为节点的人工神经元组成。这些节点用来计算权重和返回激活映射的函数，层中的每个卷积核都由其权重值定义。当卷积神经网络处理数据时，每个层都会返回激活地图，这些地图指出了数据集中的重要特征。

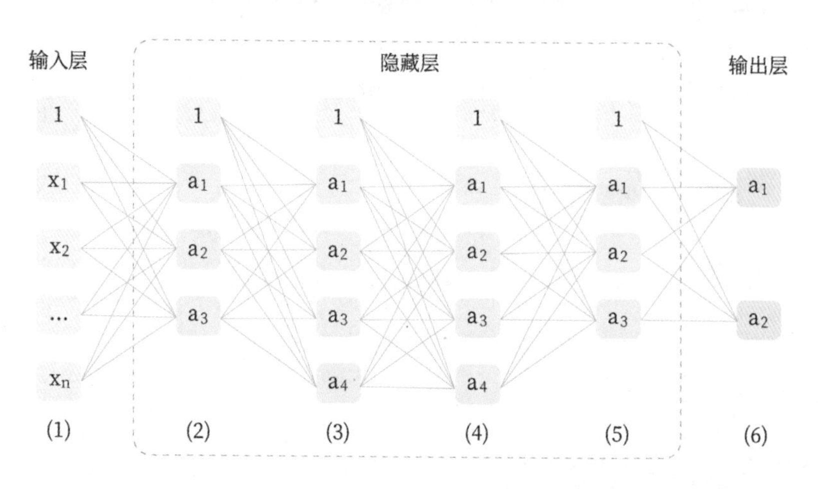

图2.12　卷积神经网络架构

形象地说，卷积神经网络通过对原始图像的不断压缩，由细节到整体学习原始图像的特征。它会将在上一层学习到的特征传递到下一层，然后由下一层检测。图像识别和传递会不断地进行下去，循环往复，直到输出预测结果。卷积神经网络的最后一层是基于激活图确定预测值的分类层。如果将样本传递给神经网络分类层，神经网络分类层将反馈图像中是否包含该样本。

根据需求的不同，用户可以选择不同的卷积神经网络。例如，1D卷积神经网络允许节点朝着一个方向移动，常用于时间序列数据。2D卷积神经网络和3D卷积神经网络则允许节点在平面和空间内移动。一般来说，2D卷积神经网络通常用于对各种图像的处理，而3D卷积神经网络更多用于三维数据。

---

① MCGREGOR M. What Is a Convolutional Neural Network? A Beginner's Tutorial for Machine Learning and Deep Learning[EB]. https://www.freecodecamp.org/news/convolutional-neural-network-tutorial-for-beginners/, 2021.

2. 神经风格迁移

神经风格迁移(neural style transfer，NST)是一种优化技术，它包含一个内容图像和一个风格参考图像。NST将两个图像混合在一起，可以让输出的图像看起来更接近内容图像，但又具备风格参考图像的风格。NST使用预先训练的卷积神经网络和附加的损失函数将图像风格从一幅图像转移到另一幅图像，最终合成输出新图像。风格转移通过激活神经元来工作，神经元可以让输出图像和内容图像在内容上匹配，同时让输出图像和风格图像在纹理上匹配[①]。

NST输出模型时会出现内容损失和风格损失。内容损失是指基础图像的内容特征与生成图像的内容特征之间的距离。风格损失是指生成图像的较低级别特征与基础图像的差异程度的度量，例如颜色和纹理等。风格损失是从所有层获得的，而内容损失是从较高层获得的，它深入到最深层以确保样式图像和生成图像之间存在可见的差异。如果内容损失权重大于风格损失权重，则图像具有比样本更多的内容特征；如果风格损失权重大于内容损失权重，则图像更具艺术性风格。

三、艺术的产生到增强

早期的AI生成的图片很难算是正常的图片，更不用说能达到人类的审美要求。比如，AI生成的人物，手部通常都有较多错误，常见的错误有手画反了或是画出六根手指头。怎样才能解决这方面的问题呢？这时候就轮到强化学习出场了。

强化学习(reinforcement learning，RL)是机器学习的一个子领域，机器通过学习环境中的最佳行为以获得最大回报。在没有监管的情况下，学习者必须独立发现使奖励最大化的行动序列。这个发现过程类似于试错。强化学习的优点在于，它可以在没有监管的情况下，让机器自动学习并获得成

① BAHETI P. Neural Style Transfer: Everything You Need to Know [EB]. https://www.v7labs.com/blog/neural-style-transfer, 2022.

功。图2.13展示了强化学习的过程。

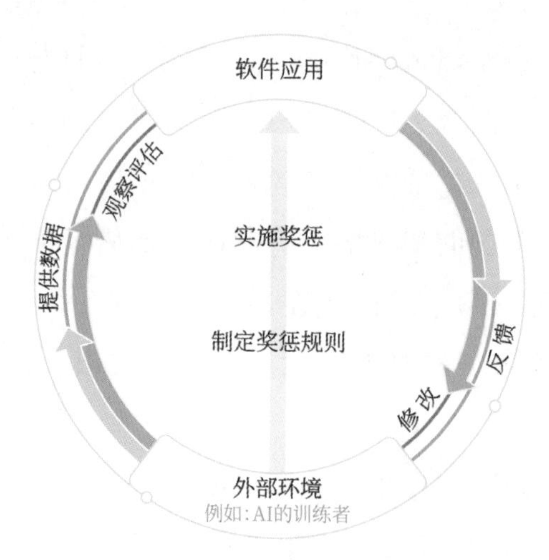

图2.13　强化学习的过程

强化学习相较于其他机器学习算法有三个优点。第一，强化学习从更大的角度关注问题，传统的机器学习算法也许在某个小方面表现出色，但它们不会计算全局利益；第二，强化学习不需要单独的数据收集步骤，训练数据是通过代理与环境的直接交互获得的，这大大方便了培训过程；第三，强化学习具有适应性，能够响应环境的变化，与传统的机器学习算法不同，代理收集的经验不是独立同分布，这能够帮助强化学习算法在不确定中更快寻求确定①。

简单来说，强化学习允许用户评价AI生成的内容，获得评价的AI能够根据自身机制对生成的内容进行调整，让生成的内容能够符合用户的预期。最终，AI可以通过这种方式掌握人类的审美。2017年，OpenAI和DeepMind合作开发了名为"人类反馈强化学习"(reinforcement learning from human feedback，RLHF)的技术。RLHF依据人类对输出内容的反馈来优化模型，让它生成的内容更符合人类喜好。这项技术最终被用于ChatGPT中，助力ChatGPT在2022年爆火②。

① VERMA P, DIAMANTIDIS S. What is Reinforcement Learning? [EB]. https://www.synopsys.com/ai/what-is-reinforcement-learning.html, 2021.

② LEE K, LIU H, RYU M, et al. Aligning Text-to-Image Models using Human Feedback[J]. arXiv preprint arXiv:2302.12192, 2023.

第三章 AIGC的拓展技术栈

通过阅读上一章内容，读者了解了各种算法如何理解文本和图片信息，以及如何输出文本和图片内容。在本章，我们将从 AIGC 具体模型出发，将上一章的各个部分内容联系在一起，介绍 AIGC 模型从输入到输出的全过程是如何实现的。

简单来说，从模型设计理念来看，AIGC 模型的设计思想可以分成经典的模块化设计思想和近期十分流行的序列到序列设计思想。从数据角度来看，多模态 AIGC 模型正在成为 AIGC未来的发展方向。

本章为读者介绍 AIGC 模型的技术细节。第一节与读者一起探讨模块化设计是什么；第二节介绍序列到序列模型；最后介绍多模态模型。

第一节　模块化设计

释义 3.1：模块化设计

模块化设计是一种将整个系统分解成多个模块的设计思想，它可以使系统更加灵活、可扩展、易于维护。

在早期的人工智能领域，由于算力和模型规模的限制，模型难以处理十分复杂的任务，于是将一个大任务拆解成多个小任务的模块化设计思想应运而生。模块化设计的优点是它可以使系统更加透明、可解释，同时提高系统的可靠性和鲁棒性。但是它也有一些致命的问题，比如不同模块的错误叠加在一起，会导致极差的最终表现。模块化设计可以应用于不同的领域，例如自然语言处理、计算机视觉、语音识别等。下面我们先介绍模块化设计的应用，然后介绍模块化设计的优缺点。

一、模块化设计的应用

1. 自然语言处理领域的模块化设计

自然语言处理是研究如何利用计算机理解自然语言和生成自然语言的领域。在自然语言处理过程中，实体关系抽取是一个十分经典的任务。它意为先识别文本中的实体，然后判断不同实体间的关系。以实体关系抽取任务为例，按照模块化思想，可将任务拆分成文本分词、词性标注、实体识别，然后实施关系抽取，具体分为四步：首先，将文本分成一个个单词；其次，识别单词的词性(比如动词、名词、名词短语等)作为辅助信息；再次，通过单词的内容和词性信息将实体从中筛选出来；最后，通过一些规则、方法或者分类器获取不同实体间的关系。在整个流程中，不同模块分别处理各自的任务，但它们是串联在一起的，也就是说，后一个模块的输入往往是前一个模块的输出。

除了这些经典任务，还有一些复杂的自然语言处理任务被誉为“皇冠上的瑰宝”，比如智能对话任务。智能对话是指让计算机如同人一样理解用户的话语，然后给出相应的回答。传统的智能对话系统也是采用模块化设计的思想，将智能对话系统划分成问题理解、答案检索筛选和回答生成三个模块。这部分内容我们将在第四章详细讨论，这里不再赘述。

2. 计算机视觉领域的模块化设计

在计算机视觉领域，模块化设计可以用于完成各种任务，例如目标检测、图像分割、人脸识别等。以目标检测为例，模块化设计可以将整个系统分解成多个模块，例如特征提取、区域生成、分类等。每个模块都有自己的输入和输出，模块之间通过接口进行交互。

举例来说，在基于3D点云的车辆识别任务中，也能看到模块化设计理念。地面监测是车辆识别中的一个子问题，地面在点云文件中占据了极大比例的数据点，并且给车辆识别带来了干扰，因此有效识别地面在车辆识别任务中是十分有意义的。在模块化设计的车辆识别系统中，地面监测模块往往是十分重要的一个模块。

又如，在路径跟踪中也能窥见模块化设计的理念。要完成路径跟踪，首先要有效识别图像信息中的目标物体，并在不同画面中对目标物体进行对齐；然后才能采用各种路径拟合或者运动路径预测的算法，比如卡尔曼滤波等。因此，一个路径跟踪系统往往至少包含物体识别、物体对齐和路径拟合三个子模块，当然这并不是绝对的。

3. 语音识别领域的模块化设计

在语音识别领域，模块化设计可以用于完成各种任务，例如语音识别、语音合成等。以语音识别为例，模块化设计可以将整个系统分解成多个模块，例如前端处理、声学模型、语言模型等。每个模块都有自己的输入和输出，模块之间通过接口进行交互。这种设计思想可以使系统更加灵活、可扩展、易于维护。

另外，模块化设计还可以提高语音识别系统的可重用性。由于每个模块都有自己的输入和输出，可以将这些模块组合起来构建不同的系统。例如，可以使用相同的声学模型和语言模型构建不同的系统，常见的有中文识别系统、英文识别系统等。

二、模块化设计的优缺点

1. 模块化设计的优点

模块化设计具备许多优点，比如可重用性、灵活性和可扩展性、高效率和高性能、可维护性和可理解性、可组合性和交互性等。

(1) 可重用性。模块化设计使得每个功能模块可以独立开发、测试和调试。这意味着开发人员可以更容易地重用这些模块，无须从头开始构建整个系统。这样可以节省时间和精力，促进技术的迭代和发展。

(2) 灵活性和可扩展性。通过模块化设计，开发人员可以根据需要添加、替换或修改系统的不同组件。这种灵活性使得系统能够适应不同的应用场景和需求，并支持新的技术发展。开发人员可以根据实际需求选择适当的模块，快速搭建定制化应用。

(3) 高效率和高性能。模块化设计可以提高系统的效率和性能。通过将功能划分为模块，每个模块可以专注于特定的任务，并进行优化。这样可以提高系统的并行性，减少冗余计算，从而使系统能够更高效地处理大规模的文本数据。

(4) 可维护性和可理解性。模块化设计使得系统的不同部分可以独立维护和更新。当系统需要调试或修复时，开发人员可以更容易地定位和解决问题，而无须影响整个系统。此外，模块化设计使得系统的结构更清晰，开发人员可以更容易地理解和管理系统的各个组件。

(5) 可组合性和交互性。通过模块化设计，不同的模块可以灵活地组合和交互，构建更复杂和功能更丰富的系统。例如，开发人员可以将文本分类模块和命名实体识别模块组合在一起，构建一个自动化文本分析系统。可组合性和交互性使得系统更具灵活性和适应性。

简单来说，在模块化设计中，不同模块的复用性得以提升，进而给整个系统带来了较高的拓展性和可维护性。此外，模块化设计使提高模型效率和性能的问题变成了可以多点突破的问题，从某种层面降低了提升系统性能的难度。这些优点综合在一起，使得模块化设计的系统成为具有高度可组合性的系统，这是它最大的优点。

2. 模块化设计的缺点

模块化设计理念具有许多优点，但也存在一些缺点。

(1) 高度耦合。尽管模块化设计旨在将系统分解为相互独立的模块，但在某些情况下，某些功能可能需要在多个模块之间共享数据，或者多个模块之间相互依赖，这可能导致较高的耦合性。这种高度耦合性可能会使修改或替换一个模块变得复杂，需要对其他模块进行相应的调整。

(2) 接口设计困难。在模块化设计中，定义和设计模块之间的接口是一个重要的任务。不正确或不合理的接口设计可能导致模块之间的通信和交互困难。接口设计需要考虑到模块之间的数据传输、格式兼容性、参数传递等因素，这需要做好规划和设计。

(3) 性能瓶颈。在模块化设计中，每个模块通常会引入额外的计算和处理开销。当系统中存在大量的模块时，这些开销可能会累积并导致性能瓶颈。某些模块可能会成为整个系统的性能瓶颈，限制系统的整体性能。

(4) 上下文切换开销。在模块化设计中，不同的模块可能需要在不同的上下文之间进行切换，需要进行数据传输、状态保存和恢复等操作。这些上下文切换可能会引入额外开销，并且在处理大规模数据时可能影响系统的效率。

(5) 集成和测试复杂性高。模块化设计的一个挑战是集成和测试整个系统。在将不同的模块组合成完整的计算机视觉系统时，可能需要处理模块之间的兼容性问题、数据传输问题以及整体性能问题。此外，对整个系统进行全面的测试也可能变得更加复杂和耗时。

简单来说，上述这些问题导致了模块化设计系统的一个致命弱点，即由于实现流程复杂，某一环节的错误会在后续环节被不断放大，最终导致糟糕的结果。序列到序列模型就是人们为了解决模块化设计这个致命弱点而提出的，下一节本书将详细介绍序列到序列模型。

第二节　Seq2Seq 模型

序列到序列(sequence-to-sequence，Seq2Seq)模型也称为编码器-解码器(encoder-decoder)模型，它是自然语言处理领域中非常流行的一种模型。该模型最初由Google团队提出，主要用于机器翻译，现在已经被广泛应用于文本摘要、对话生成等任务[①]。如今，序列到序列模型不仅在自然语言处理领域被广泛应用，它在计算机视觉领域也发挥着重要的作用。

简单来说，相比于模块化设计，Seq2Seq思想抛弃了模型的可解释性和透明性，解决了错误叠加导致的模型性能下降问题。虽然人们很难通过模型内部细节来分析Seq2Seq模型为什么可以取得很好的效果，但是这种模型的性能比模块化设计模型的性能好是被广泛证实的。下面，我们先介绍此类模型的基本原理，然后看看它有哪些应用实例。

① SUTSKEVER I, VINYALS O, LE Q V. Sequence to sequence learning with neural networks[J]. Advances in neural information processing systems, 2014(27).

一、Seq2Seq 模型的基本原理

Seq2Seq模型是一种神经网络模型，它主要由两个部分组成：编码器和解码器。编码器负责将输入序列转换为一个固定长度的向量，解码器根据该向量和前一个时刻的输出生成下一个时刻的输出。如图3.1所示，Seq2Seq模型将输入序列X_1，X_2，...，X_n转换为一个向量C_1，C_2，...，C_t，然后将该向量作为解码器的初始状态，生成输出序列Y_1，Y_2，...，Y_m。

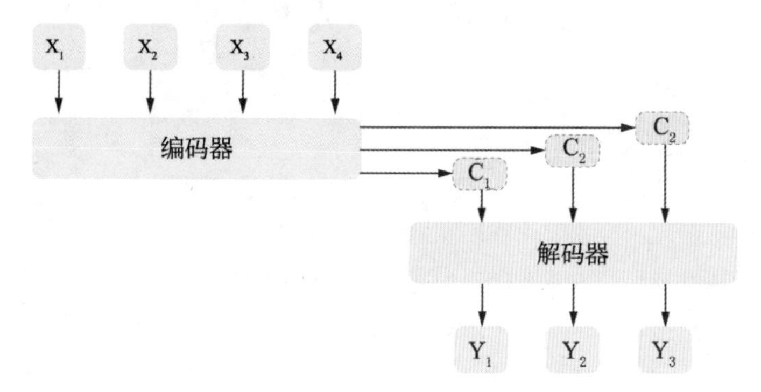

图3.1 Seq2Seq 模型原理

Seq2Seq模型的编码器和解码器可以采用不同的神经网络结构，如循环神经网络(RNN)、卷积神经网络(CNN)和注意力机制(attention mechanism)等。过去，RNN是较为常用的结构，因为它可以处理可变长度的序列，并且可以捕捉序列中的时间依赖关系。常用的RNN包括标准的循环神经网络(simple RNN)、长短时记忆网络(LSTM)和门控循环单元(GRU)。在Seq2Seq模型中，编码器通常使用双向RNN，这可以增强编码器对序列中每个位置的理解，从而更好地捕捉序列的全局信息。如今，注意力机制在各个方面的表现都要好过RNN，因此它成为被广泛采用的Seq2Seq模型基本结构。

二、Seq2Seq 模型的应用

最初，Seq2Seq模型被设计用于改进机器翻译技术，机器通过此模型可将一种语言的语句(词语序列)映射到另一种语言的对应语句上。除此之外，Seq2Seq也能广泛地应用于各种不同的技术中，例如，机器翻译、对话生成、

文本摘要、趣味写作和代码补全，如图3.2所示，本节将重点介绍这些应用。

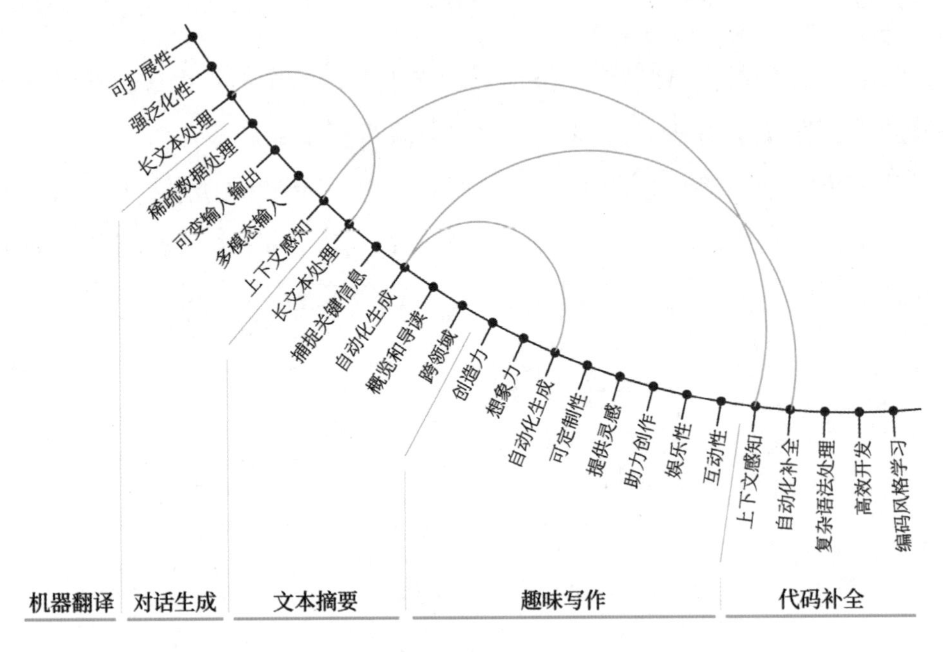

图3.2　Seq2Seq 模型的应用

1. 机器翻译

机器翻译是指使用计算机程序将一种语言的文本自动翻译成另一种语言的文本的过程。随着全球化的发展，机器翻译成为人们日常生活和商业活动中的必要工具。20世纪90年代，机器翻译模型的运行主要基于词典和规则，无法处理语言的复杂性和多义性。之后，RNN模型被广泛用于机器翻译任务中，但是RNN模型无法有效解决不同语种语序不同的问题，最终被Seq2Seq模型取代。Seq2Seq模型的应用流程为：首先输入一种语言的文本；其次将其编码为一种隐向量；最后将其转化为另一种语言的文本并输出。通过这个流程，Seq2Seq模型不仅可以自动学习语言的规律和模式，还可以规避不同语种的语序不同带来的翻译问题，从而实现高质量的翻译。

具体来说，在机器翻译中，Seq2Seq模型的输入序列通常是源语言的句子，输出序列是目标语言的句子。编码器将源语言的句子转换为一个向量，解码器根据该向量和前一个时刻的输出生成目标语言的下一个词，直到生成完整的目标语言句子。Seq2Seq模型可以处理不同长度的输入和输出序列，并且可以学习上下文信息，从而提高翻译的质量①。

Seq2Seq模型相较于传统的翻译模型，具有以下优势②。

(1) 处理长文本的能力。传统的统计机器翻译模型在处理长文本时容易出现翻译不准确的问题，而Seq2Seq模型通过使用长短时记忆网络(LSTM)等技术，能够提高长文本的翻译准确度。

(2) 更好的泛化能力。Seq2Seq模型在训练时能够自动学习翻译任务的规律和特征，从而能够更好地适应不同的翻译任务，具有更好的泛化能力。

(3) 可扩展性。Seq2Seq模型可以使用更复杂的编码器和解码器结构，例如它可使用卷积神经网络(CNN)来提取源语言句子的特征。

尽管Seq2Seq模型在机器翻译任务中具有一些优势，但它也存在一些局限性。

(1) 可能传递翻译错误。Seq2Seq模型在翻译过程中会生成一个中间向量，它包含源语言句子的所有信息。然而，这个中间向量也可能包含一些噪声或错误的信息，从而导致翻译错误的传递。

(2) 存在词汇表限制。Seq2Seq模型需要使用一个固定的词汇表，这个词汇表可能无法覆盖所有单词，从而导致翻译错误。

(3) 存在对齐问题。在翻译过程中，Seq2Seq模型需要对齐源语言和目标语言的句子，以便正确地生成翻译结果。然而，在处理一些复杂的句子对齐时，Seq2Seq模型可能会出现一些问题。

(4) 训练时间长。Seq2Seq模型需要进行大量的训练才能获得较好的翻译效果，这需要大量的计算资源和时间。

---

① BAHDANAU D, CHO K, BENGIO Y. Neural machine translation by jointly learning to align and translate[J]. arXiv preprintarXiv:1409.0473, 2014.

② LUONG M T, PHAM H, MANNING C D. Effective approaches to attention-based neural machine translation[J]. arXiv preprintarXiv:1508.04025, 2015.

2. 对话生成

对话生成是一种人工智能技术，它的目标是让机器自动输出与人类对话相似的自然语言文本。对话生成技术可以应用于聊天机器人、智能客服、语音助手等领域，为用户提供自然流畅的对话交互体验。

对话生成技术通常使用基于RNN的Seq2Seq模型，其中编码器和解码器都是RNN。编码器将输入序列中的每个单词转换为向量表示，然后将这些向量输入到RNN中。RNN通过学习将这些向量组合成单个向量，该向量将输入序列中的信息编码为固定长度的向量。接下来，解码器将该向量解码为输出序列中的单词序列[①②]。

在Seq2Seq模型中，有一些常用的技术来优化对话生成效果，例如前文提到的注意力机制和集束搜索(beam search)等。简单来说，注意力机制是一种可以帮助模型关注输入序列中与当前输出相关的部分的特殊机制。注意力机制有助于模型更好地捕获输入文本的上下文信息，并生成更准确的回答[③]。而集束搜索是一种高级版的贪婪算法，它可以帮助模型在生成输出序列时选择多个最可能的结果，提高模型找到最佳答案的可能性。

使用Seq2Seq模型进行对话生成有以下几个优点。

(1) 上下文感知。Seq2Seq模型能够捕捉对话的上下文信息。将前面的对话作为输入序列，模型能够理解先前发生的对话内容，从而生成更加连贯和一致的回复。

(2) 可变输入输出。Seq2Seq模型能够处理可变长度的输入和输出序列。在对话生成中，输入序列长度可能不同，而输出序列通常是更长的回复。Seq2Seq模型的编码器-解码器结构能够适应这种可变性，使得模型能够处理

---

① SERBAN I V, SORDONI A, BENGIO Y, et al. Hierarchical recurrent encoder-decoder for generative context-aware query suggestion [J]. arXiv preprint arXiv:1607.06993, 2016.

② BOWMAN S R, VILNIS L, VINYALS O, et al. Generating sentences from a continuous space[J]. arXiv preprint arXiv:1511.06349, 2016.

③ VASWANI A, SHAZEER N, PARMAR N, et al. Attention is all you need[J]. Advances in neural information processing systems, 2017, 30: 5998-6008.

各种长度的对话。

(3) 多模态输入支持。Seq2Seq模型可以处理多模态输入，例如文本和图像。这在某些对话场景中非常有用，例如基于图像的对话系统或通过图像补充对话内容。

(4) 处理稀疏数据。Seq2Seq模型对于稀疏数据的处理效果相对较好。在对话生成中，用户的输入可能是不完整或含有错误的，而Seq2Seq模型能够从中提取有用的信息，并生成合理的回复。

3. 文本摘要

在文本摘要任务中，Seq2Seq模型同样也能发挥良好的效果。文本摘要是将一篇较长的文本内容压缩成一份摘要，一般分为抽取式摘要和生成式摘要两种类型。

抽取式摘要是指从原文中抽取相关的句子或单词，组成一个摘要。这种方法不需要生成新文本，而是直接使用原文中的片段，因此可以避免一些生成式摘要中出现的错误。抽取式摘要一般需要进行句子分割、词性标注、命名实体识别等预处理操作，再使用基于统计或机器学习的方法抽取关键句子或单词。近年来，随着深度学习技术的发展，出现了一些基于神经网络的抽取式文本摘要方法，例如基于注意力机制的文本摘要方法，常用的有PGN(pointer-generator networks，指针生成网络)模型；基于图神经网络的文本摘要方法，常用的有GAT (graph attention networks，图注意力网络)模型等[①]。

生成式文本摘要是指通过对原文进行理解和分析，然后生成一段新的摘要。采用生成式方法可以生成更加准确、自然的摘要，但是也面临一些挑战，例如难以捕捉长距离依赖关系、重复生成、不准确等问题。为了解决这些问题，研究者提出了一系列改进方法，例如使用注意力机制来关注输入的不同部分、使用强化学习来优化生成结果等。一些具有代表性的生成式文本摘要模型包括基于卷积神经网络的Seq2Seq模型、基于循环神经网络的

① RUSH A M, CHOPRA S, WESTON J. A neural attentionmodel for abstractive sentence summarization[J]. arXiv preprint arXiv:1509.00685, 2015.

Seq2Seq模型[①]、基于变换器的Transformer模型等。

使用Seq2Seq模型生成文本摘要有以下几个优点。

(1) 自动化生成。Seq2Seq模型可以自动地从输入文本中提取关键信息并生成摘要。相比手动撰写摘要，使用模型更加快速且准确，能够节省用户的时间和精力。

(2) 捕捉关键信息。Seq2Seq模型能在训练过程中学习文本中的关键信息和重要内容。通过编码输入文本并解码生成摘要，模型能够准确地捕捉文本的主题、核心观点和关键细节，从而生成具有概括性和准确性的摘要。

(3) 处理长文本。Seq2Seq模型能够处理较长的输入文本，并生成相应长度的摘要。这在处理长篇文章、新闻报道和研究论文等需要提取核心信息的情况下非常有用。

(4) 提供概览和导读。使用Seq2Seq模型生成的文本摘要可以为读者提供整体概览和导读，读者可以通过阅读概览和导读快速了解文本的内容和要点，从而决定是否深入阅读全文。

(5) 适应多领域。Seq2Seq模型在摘要生成方面具有通用性，可以生成多个领域的文本摘要，包括新闻、科技、医学等。通过训练模型使用特定领域的数据，可以进一步提高摘要生成的准确性和可靠性。

4. 趣味写作

近年来，一些研究者开始探索Seq2Seq模型在趣味写作领域的应用。其中，一种主要的应用是生成有趣的短故事、笑话等。研究者可以利用Seq2Seq模型将一个笑话的开头作为输入，生成一个有趣的结局。在生成过程中，模型需要考虑各种语言的语义和句法规则，以及幽默、创意等因素。为了让模型生成更具幽默感的结果，研究者可以采用类似“生成—选择”(generate—select)的方法，即先生成多个候选结局，然后再通过某种评价函数来选择一个

---

① NALLAPATI R, ZHOU B, GULCEHRE C, et al. Abstractive text summarization using sequence-to-sequence RNNs and beyond[J].arXiv preprint arXiv:1602.06023, 2016.

最好的结局[①]。

一些研究者也尝试将基于Seq2Seq模型的趣味写作模型与其他模型相结合，例如利用深度强化学习算法对生成的笑话进行评估和反馈[②]，以提高模型的性能和生成的笑话的质量。这些方法可以优化模型的表现，但仍然面临一些挑战。例如，如何评价生成的趣味作品是一个困难的问题。由于趣味作品的性质比较主观，人们对于笑话或故事的评价往往是多维度的，还需要进一步研究如何设计一个合理的评价体系来评价生成的趣味作品。

除了生成短故事和笑话，Seq2Seq模型也可以应用于其他趣味写作领域，例如生成有趣的谜语、口号等。研究者可以利用Seq2Seq模型将一个谜语的谜面作为输入，生成一个有趣的答案。同样，生成的结果需要具有一定的幽默性和创意性，这给模型的设计和评价带来了挑战。

使用Seq2Seq模型进行趣味写作有以下几个优点。

(1) 具有创造力和想象力。Seq2Seq模型可以通过学习大量的文本数据，包括小说、故事和诗歌等，从中获取创造性和想象力的元素。这使得模型能够生成富有创意和趣味的文本，包括奇特的情节、有趣的人物和意想不到的结局等。

(2) 实现自动化生成。使用Seq2Seq模型进行趣味写作可以实现自动化文本生成。相比手动创作，Seq2Seq模型可以在短时间内生成大量的趣味文本，为用户提供更多选择。

(3) 具有可定制性。Seq2Seq模型可以根据用户的需求进行定制。通过调整模型的训练数据、超参数和生成策略，可以实现不同风格和主题的趣味文本生成，满足用户的个性化需求。

(4) 提供创作灵感和助力。Seq2Seq模型生成的趣味文本可以作为创作的

---

① WANG H, LU K, ZHANG Q. A Funny Story Generation Framework Based on Seq2Seq Model[C]//2021 IEEE 3rd Information Technology and Mechatronics Engineering Conference(ITOEC). [S.l. : s.n.], 2021:30-34.

② DONG J, YAN Z, LI J. Generate funny stories using a seq2seq neural network model with reinforcement learning[J]. Journal of Ambient Intelligence and Humanized Computing, 2020, 11(5): 1965-1976.

灵感和助力。它可以为作家提供新颖的创意和启发，激发他们的创作灵感，帮助他们克服创作障碍。

(5) 具有娱乐性和互动性。使用Seq2Seq模型生成的趣味文本可以为用户提供娱乐和互动体验。用户可以参与文本的生成过程，与模型进行互动交流，获得乐趣和刺激。

5. 代码补全

当程序员在键入代码时，编程工具会根据上下文和代码库中可用的代码提示来生成建议，这些建议通常是已经定义的函数、变量和方法的名称和参数等信息。通过使用代码补全技术，程序员可以更快地编写代码，减少输入错误并提高代码质量。

Seq2Seq模型可以用于代码补全，这是因为代码本身就是一种序列，可以使用Seq2Seq模型来生成缺失的代码。在代码补全过程中，输入序列可以是已有的代码片段，而输出序列可以是代码的接续部分。Seq2Seq模型的编码器可以将输入序列编码成一个固定长度的向量，这个向量包含输入序列的信息[①]，而解码器则使用这个向量来生成缺失的代码[②]。

Seq2Seq模型在代码补全方面的应用不仅可以减少程序员的工作量，还可以提高代码的质量和编写效率。代码补全的应用场景非常广泛，包括代码编辑器中的自动完成功能，以及代码重构和代码重写等任务。此外，Seq2Seq模型还可以应用于其他与代码相关的任务，例如代码翻译、自然语言描述生成代码等。

针对代码补全的任务，Seq2Seq模型可使用一些特殊的技巧，例如用于代码的标记化(tokenization)等，以便模型可以更好地理解代码的语法和结构。另

① ALLAMANIS M, BARR E T, DEVANBU P, et al. Bimodal modelling of source code and natural language[C]//Proceedings of the 2015 10th Joint Meeting on Foundations of Software Engineering. [S.l. : s.n.], 2015: 206-218.

② YAO S, WANG X, LIU D, et al. Automatically learning semantic features for programming language processing[C]//2018 IEEE/ACM 40th International Conference on Software Engineering(ICSE). [S.l. : s.n.], 2018: 367-378.

外，Seq2Seq模型还可以使用注意力机制[①]，以便模型在输出序列时更加关注输入序列中的关键部分。

使用Seq2Seq模型进行代码补全有以下几个优点。

(1) 实现自动化补全。Seq2Seq模型可以自动分析代码上下文并生成合适的代码片段来完成代码补全任务。这减轻了开发人员手动编写代码的负担，提高了开发效率。

(2) 实现上下文感知。Seq2Seq模型能够理解代码的上下文，并基于已有的代码片段和语法规则生成相应的补全代码。这使得生成的代码更具连贯性和合理性，与原有代码风格相匹配。

(3) 便于处理复杂语法。Seq2Seq模型在代码补全中可以处理复杂的语法结构和语义关系。它可以学习到常见的代码模式和约定，从而能够生成符合语法规范的代码补全建议。

(4) 提高开发效率。代码补全可以减少开发人员的键入工作量，减少潜在的拼写错误和语法错误。Seq2Seq模型能够提供准确的代码补全建议，可以帮助开发人员快速编写正确且高质量的代码，提高开发效率。

(5) 自动学习编码风格。Seq2Seq模型在训练过程中可以学习不同项目的编码风格。它可以根据已有代码库的特征和规范生成相应的补全代码，帮助新加入项目的开发人员更快地适应项目的编码风格。

第三节 多模态模型

多模态模型是指接受不同模态的数据融合在一起的混合数据作为输入来完成各种任务的模型。具体来说，每个模态包含不同的数据类型，例如文本、图像、音频等，这些数据可以在一个任务中被同时使用，例如图像描述

① LIU Z, WANG Z, JU P, et al. Code Completion with Neural Attention and Pointer Networks[J]. arXiv preprint arXiv:1808.01482, 2018.

生成、视频分类和情感分析等。多模态模型可以从不同的数据源中学习更丰富的信息，从而提高任务的准确性和效率[①]。

一、多模态模型的发展历史

多模态模型是将不同模态(例如视觉、语言、声音等)的信息融合在一起，以实现更完善的跨模态学习和推理的技术。多模态模型的发展历史可以分为以下三个阶段。

1. 早期阶段：从单一模态到多模态

早期的计算机视觉技术和自然语言处理技术主要关注单一模态，而多模态模型的概念出现于20世纪90年代。最早的多模态模型是将视觉和语言信息结合起来，还尝试了其他模态之间的信息融合，如视觉和声音、视觉和手势等。

(1) 视觉和声音的融合。早期的多模态模型将视觉和声音信息相结合，主要应用于视频和音频的分类和检索。这些模型通常将视频的图像信息和音频的波形信息同时输入到神经网络中，并使用平均池化、加权平均等方法将它们融合在一起。这些模型在视频分类和音乐检索等领域取得了一定的效果。

(2) 视觉和手势的融合。除了视觉和声音的融合外，早期的多模态模型还尝试视觉和手势的融合。这些模型通常使用传感器捕捉手势信息，并将其与图像信息相结合，以实现更好的手势识别和交互体验。这些模型通常采用CNN和RNN等神经网络，其中，RNN用于处理时间序列信息，以捕捉手势的动态特征。

2. 中期阶段：从浅层融合到深度融合

随着深度学习技术的发展，多模态模型开始向深度融合方向发展。在多模态模型发展的中期阶段，主要在以下几个方面有所拓展和改进。

---

① BALTRUŠAITIS T, AHUJA C, MORENCY L P. Multimodal machine learning: A survey and taxonomy[J]. IEEE transactions on pattern analysis and machine intelligence, 2018, 41(2): 423-443.

(1) 引入注意力机制。在深度融合模型的发展过程中，引入了注意力机制，以便模型能够关注不同模态中的重要信息。这样可以避免不同模态中的无关信息对模型的影响，从而提高模型的性能。其中，最早的基于注意力机制的模型是多模态机器学习(multimodal learning with deep boltzmann machines，MDBM)，它使用对比散度来训练模型并学习多模态特征。

(2) 结合卷积神经网络。在多模态模型的中期阶段，卷积神经网络在视觉领域的成功应用也被引入到多模态模型的研究中。这些模型将卷积神经网络和其他模型(如循环神经网络或者长短期记忆网络)结合起来进行多模态特征的学习和提取。例如，多模式卷积神经网络(multimodal convolutional neural networks，MCNN)将不同模态的信息输入到不同的卷积神经网络中进行处理，然后将它们的特征向量拼接起来，生成最终的多模态特征。

(3) 引入循环神经网络。在多模态模型的中期阶段，循环神经网络或者长短期记忆网络也被引入到多模态模型中进行深度融合。这些模型可以处理时间序列信息，以获得更好的多模态特征表示。例如，多模式递归神经网络(multimodal recurrent neural networks，MRNN)通过使用循环神经网络模型将不同模态的信息编码为多模态向量，并将这些向量输入到全连接神经网络中执行分类或回归等任务。

3. 现阶段：从点对点到端到端

现在，多模态模型已经发展到端到端(end-to-end)的程度，可以实现完全自动化的多模态融合和学习，主要在以下几个方面有所拓展和改进。

(1) Transformer架构。自注意力机制和Transformer架构是近年来在自然语言处理领域中非常成功的技术，这些技术也被引入到多模态模型中。通过使用Transformer架构，多模态模型能够更好地处理序列信息和上下文信息，并在执行多模态任务时获得更好的性能。例如，视觉语言多模态预训练模型(vision-and-language BERT，ViLBERT)就是一种基于Transformer架构的多模态模型，它可以同时处理自然语言和视觉信息。

(2) 预训练模型。随着深度学习领域中的预训练技术的发展，多模态学习也出现了许多基于预训练模型的方法。这些方法通常使用大规模的语言和视觉数据集进行预训练，然后将预训练模型微调到特定的多模态任务上。这样可以提高模型的泛化能力和性能。例如，UniLM-v2(unified language model pre-training，统一语言预训练模型)就是一种基于预训练模型的多模态模型，它通过预训练模型来学习语言和视觉特征，并用于完成多模态文本和视觉任务。

(3) 强化学习。近年来，强化学习技术在多模态学习领域也得到了广泛应用。通过使用强化学习技术，多模态模型可以在与环境交互的过程中进行学习，并通过奖励来调整模型的行为，从而提高性能和泛化能力。例如，Actor-Critic模型就是一种基于强化学习的多模态模型，它使用策略梯度方法来优化模型，并用于完成多模态推荐任务。

二、多模态模型的应用

多模态模型可以应用于多个领域，本节将重点介绍应用多模态模型的五个领域，如图3.3所示，分别是计算机视觉、语音识别、自然语言处理、机器翻译、智能推荐。每种应用的输入都有多种模态，包括文本描述、图像、视频、语言等。

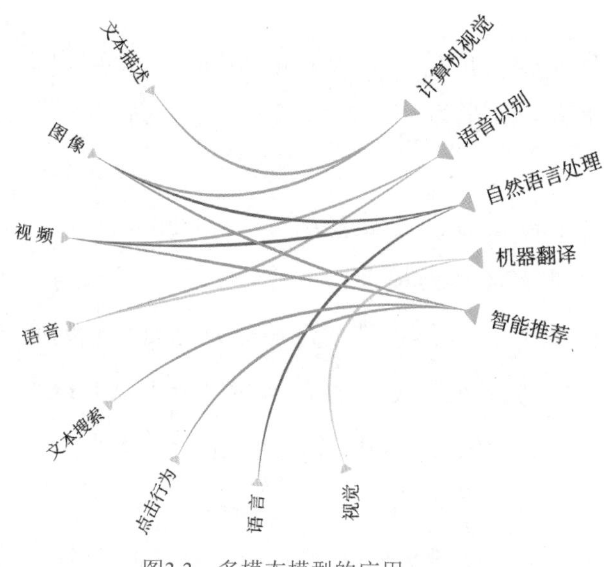

图3.3 多模态模型的应用

1. 计算机视觉

在计算机视觉领域，多模态模型是一个热门的研究方向。它利用多种感官输入(如图像、文本、语音等)来提高视觉数据的理解和分析能力。多模态模型的应用可以改善图像和视频处理的准确性和可靠性，并且可以更好地模拟人类视觉的多感官输入方式。

在多模态模型中，不同的感官输入被表示为不同的模态。例如，在图像分类任务中，可以使用图像和对应的文本描述来表示两个不同的模态。在这种情况下，可以使用多模态模型来联合学习不同模态的表示，以更好地理解视觉数据。在文本到图像生成任务中，可以将文本和图像作为两个不同的模态。在这种情况下，多模态模型可以联合学习两个模态之间的关系，并生成与文本描述相符合的图像。

多模态模型可以使用不同的方法来联合学习多个模态之间的关系，如特征融合、模态对齐、跨模态共享等。这些方法可以大大提高视觉数据的理解和处理能力，使得计算机更好地模拟人类的感官输入方式。

在计算机视觉领域，多模态模型的应用非常广泛。例如，在图像和文本检索任务中，用户可以使用多模态模型将文本描述和图像相匹配，以获取更准确的检索结果。在图像分类任务中，用户可以使用多模态模型来联合学习不同模态之间的关系，以提高分类的准确性。在文本到图像生成任务中，用户可以使用多模态模型来生成与文本描述相符合的图像。

2. 语音识别

多模态模型在语音识别领域也有着广泛的应用。语音识别是一种将语音信号转化为文本或命令的技术，也是人机交互的重要方式之一。传统的语音识别系统主要基于声学模型和语言模型，但这些模型的精度有限，特别是当语音信号出现噪声或者口音时，识别率明显下降。近年来，多模态模型被引入到语音识别领域，以提高识别精度。

一种常见的多模态模型是将语音信号与视频图像相结合，同时使用视频和语音信息，可以提高语音信号的鲁棒性和识别精度。例如，当人说话时，面部表情、唇形和舌头的运动都会产生一些视觉信号，这些信号可以作为语音识别的辅助信息。因此，通过将视频图像与语音信号同时输入到深度神经网络中，可以提高语音识别的准确性。

另一种多模态模型是将语音信号与手势或者运动相结合。例如，在手语识别中，手势信号可以与语音信号一起使用，以提高手语识别的精度。手语识别是将手语信号转化为文本或命令的技术，可以帮助听障人士与外界进行交流。通过将手语信号和语音信号结合起来，可以更准确地识别手语信号，从而提高听障人士的交流质量。

多模态模型在语音识别领域的应用还包括将语音信号与文本或图像相结合。例如，在语音转写领域，可以同时输入语音信号和相关的文本或图像信息，以提高语音转写的精度。在这种情况下，文本或图像信息可以作为语音信号的上下文信息，帮助语音转写消除歧义和提高识别精度。

3. 自然语言处理

在自然语言处理(包括自然语言理解和自然语言生成)领域，多模态模型发挥了重要的作用。自然语言处理是人工智能领域的一个重要分支，它主要对自然语言文本进行各种语言学分析，如语法分析、语义分析、词汇分析等，以便多模态模型更好地理解和处理自然语言。

在自然语言理解任务中，多模态模型可以结合图像、视频、语音等不同模态的信息来增强对文本的理解。例如，在视觉问答任务中，模型需要对输入的图像和文本进行分析，然后回答与图像相关的问题。多模态模型可以将图像和文本信息融合在一起，并根据它们之间的关系来推断答案。另一个例子是自然语言推理任务，其中模型需要根据给定的前提和假设进行推理。多模态模型可以将文本和图像等信息融合起来，以更好地理解前提和假设之间的关系，并进行推理。

在自然语言生成任务中，多模态模型可以使用不同的模态信息来生成更准确、更丰富的自然语言文本。例如，在图像描述生成任务中，模型需要根据给定的图像生成相应的文本描述。多模态模型可以将图像信息和自然语言信息结合起来，生成更生动、更详细的图像描述。另一个例子是视频字幕生成任务，模型需要根据给定的视频生成相应的字幕。多模态模型可以结合视频和音频信息，生成更准确、更具描述性的字幕。

总体来说，多模态模型结合不同的模态信息，可以提高其性能和效率，在自然语言处理中表现得更好。

4. 机器翻译

在机器翻译中，多模态模型的应用可以使机器翻译更加准确、全面。传统的机器翻译模型主要使用文本数据，但这种方法存在一定的局限性，例如缺乏上下文信息、难以处理歧义等。而多模态模型通过结合视觉、音频等其他模态的信息，可以克服这些局限性，从而提高翻译的准确性和流畅度。

一种基于多模态模型的机器翻译方法是使用图像作为补充信息。例如，在翻译菜谱时，图像可以提供对菜品的视觉描述，使翻译更加准确。同时，图像中的内容可以提供上下文信息，帮助机器翻译更好地理解原文的含义。

另外，多模态模型还可以通过结合语音数据来提高机器翻译的准确性。例如，当翻译涉及口语表达时，语音数据可以提供说话人的语音特征、语调等信息，帮助机器翻译更好地理解原文的意思。

最后，多模态模型在机器翻译中还可以结合自然语言处理技术，例如词向量表示和语言模型，这样可以进一步提高机器翻译的精度和流畅度。

5. 智能推荐

多模态模型在智能推荐中扮演着越来越重要的角色。随着人们使用数字设备和平台的增多，智能推荐已经成为商业应用的重要组成部分，例如电子商务、在线广告、社交媒体等。多模态模型可以从多个信息来源中提取有用的特征，从而更好地了解用户的兴趣和偏好，更精准地推荐内容。

在电子商务领域，多模态模型可以通过分析用户的购买历史、搜索历史、浏览历史和购买意向等信息，为用户推荐他们可能感兴趣的产品。这些信息来自用户的文本搜索、点击行为等。通过结合多种信息，多模态模型可以提供更准确的推荐结果，使用户更容易找到他们真正需要的产品。

在在线广告中，多模态模型可以通过分析用户的历史浏览、搜索和点击数据，以及其他与广告相关的因素，来提供更为精准的广告推荐。例如，一家餐厅可以根据用户的历史搜索和浏览记录，向用户推荐该餐厅的优惠活动。此外，多模态模型还可以通过分析广告中的文本、图片、音频和视频等信息，为用户提供更好的广告体验。

在社交媒体中，多模态模型可以分析用户在社交媒体上的各种行为，例如点赞、分享、评论等，从而为用户推荐他们可能感兴趣的话题或帖子等。此外，多模态模型还可以分析用户在社交媒体上的图片、视频和音频等信息，以便更好地了解他们的兴趣和爱好，从而更有针对性地推荐内容。

三、多模态模型的案例

当下较为热门的多模态模型有四种，分别是CLIP模型、ViLBERT模型、Stable Diffusion模型、DALL-E模型。

1. CLIP模型

CLIP(contrastive language-image pre-training)是一种用于训练文本和图像表示的神经网络模型，它由OpenAI提出并开发。该模型采用联合训练的方法，同时训练文本和图像的表示，从而在这两个领域中获得更好的表现。

CLIP模型的基本思想是将图像和文本映射到一个共同的向量空间中，使得相似的图像和文本在该空间中距离更近。这种向量空间的构建方法称为“对比学习”(contrastive learning)，它利用相似度和差异性的概念，通过最小化同类数据间的距离和最大化不同类数据间的距离来训练模型。

图3.4展示了CLIP模型的基本架构，CLIP模型的架构包括一个图像编码器和一个文本编码器。图像编码器采用预训练的卷积神经网络(如ViT或ResNet)，将图像转换为一个向量表示。文本编码器则采用Transformer模型，将自然语言文本转换为一个向量表示。最后，模型将这两个向量拼接起来，得到一个联合的向量表示，用于表示图像和文本的语义信息[①]。

---

① RADFORD A, KIM J W, HALLACY C, et al. Learning Transferable Visual Models From Natural Language Supervision[J/OL]. CoRR, 2021, abs/2103.00020. arXiv: 2103.00020. https://arxiv.org/abs/2 103.00020.

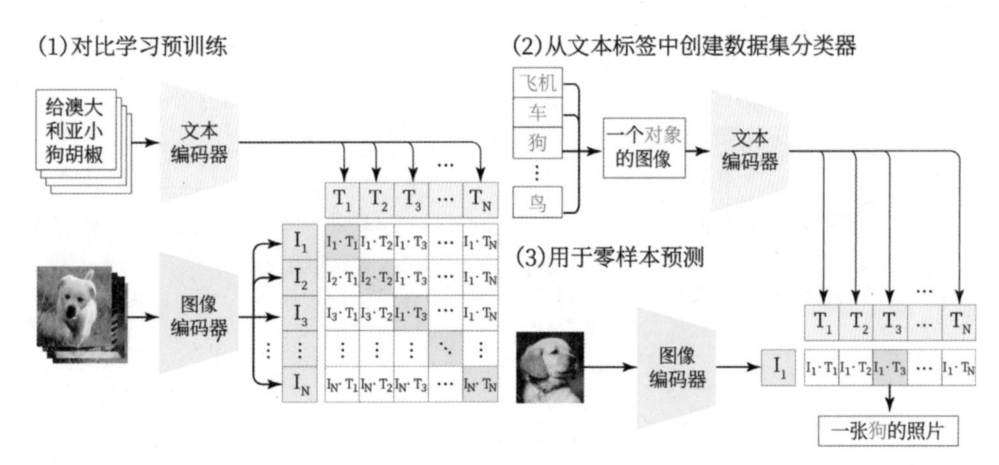

图3.4 CLIP 模型的基本架构

在训练过程中，CLIP模型采用一个多任务的损失函数，包括对比损失和分类损失。对比损失用于学习相似和不相似的样本之间的距离，分类损失用于学习如何将图像和文本分配到正确的类别中。通过这种训练方式，CLIP模型可以同时学习图像和文本的表示，并在各种视觉和语言任务中表现出色，如图像分类、自然语言推理、图像检索等。

2. ViLBERT模型

ViLBERT(vision-and-language BERT)是一种基于Transformer模型的深度学习模型，它是将自然语言处理和计算机视觉相结合的先进技术。ViLBERT能够理解图像和文本之间的关系，可以对图像和文本进行联合推理，并生成相关的自然语言描述。

ViLBERT模型的基本思想是将视觉和语言的信息进行融合，使用Transformer网络将其编码为一个共同的语义空间。如图3.5所示，ViLBERT模型采用两个并行的子模型，一个是基于语言的BERT模型，另一个是基于视觉的视觉注意力模型。这两个模型共享一些层，并在其中的某些层进行交互和融合①。

① LU J, BATRA D, PARIKH D, et al. ViLBERT: Pretraining Task-Agnostic Visiolinguistic Representations for Vision-and-Language Tasks[J/OL]. CoRR, 2019, abs/1908.02265. arXiv: 1908. 02265. htt p://arxiv.org/abs/1908.02265.

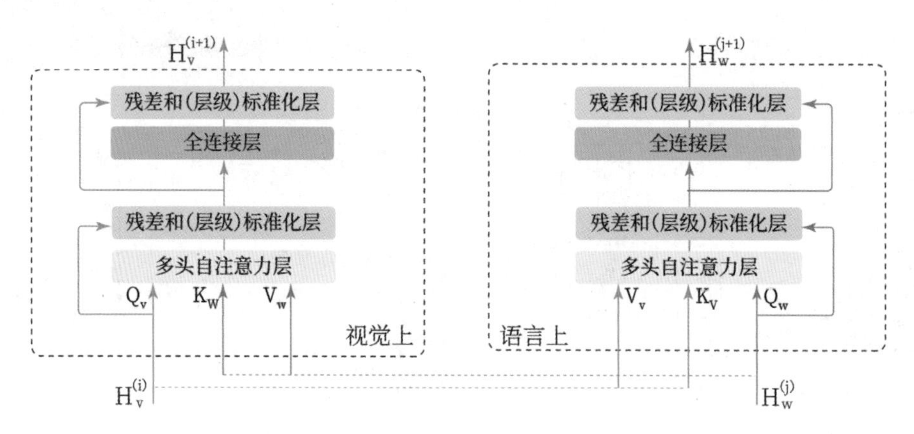

图3.5　ViLBERT 模型的基本架构

ViLBERT模型采用跨模态掩码语言模型(maskedLan-guage model，MLM)和视觉问答(visual question answering，VQA)两个任务来训练，这两个任务都要求模型能够理解图像和文本之间的关系。训练过程中，模型从大量的图像和文本数据中学习，通过不断调整模型参数，使得模型可以更好地理解图像和文本之间的关系。

ViLBERT模型的应用非常广泛，包括视觉问答、图像标注、视觉推理等领域。该模型可以在不需要额外的图像注释或预处理的情况下进行联合推理，从而提高效率和准确性。同时，ViLBERT还为将来的跨模态学习和理解打下了坚实的基础。

3. Stable Diffusion模型

Stable Diffusion是StabilityAI开源的图像生成模型，可以说Stable Diffusion的发布将AI图像生成提高到全新高度，其效果和影响不亚于OpenAI发布ChatGPT。图3.6展示了Stable Diffusion的基本架构，稳定扩散模型的基本组成是CLIP+VAE+U-Net(扩散模型)①。首先，Stable Diffusion模型通过训练一个自编码器来学习将图像数据压缩为低维表示。借助经过训练的编码E，可以将全尺寸图像编码为低维潜在数据(即压缩数据)。接着，通过使用经过训练的解码

① ROMBACH R, BLATTMANN A, LORENZ D, et al. High-Resolution Image Synthesis with Latent Diffusion Models[J/OL]. CoRR, 2021, abs/2112.10752. arXiv: 2112.10752. https://arxiv.org/abs/2112.10752.

器D，将潜在数据解码为图像。扩散过程在低维潜在空间中完成，这也是它比纯粹的扩散模型运行速度更快的原因。

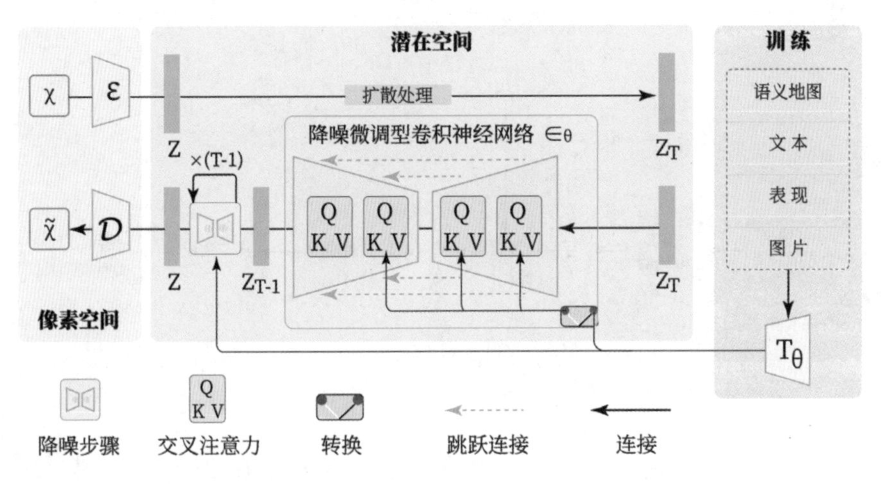

图3.6 Stable Diffusion 模型的基本架构

4. DALL-E模型

DALL-E是由OpenAI开发的基于神经网络的图像生成模型，它可以根据给定的文本描述，生成与描述相符的图像。与传统的图像生成模型不同，DALL-E不仅可以生成给人真实感觉的物体图像，还能生成奇幻、抽象的图像。

DALL-E是由电影《疯狂的麦克斯》中的角色“Dali”和艺术家Salvador Dali的名字组成的，这也体现了DALL-E的创造力和想象力。DALL-E使用强大的自监督学习算法，可以自动从互联网上收集图像并学习，最终生成新的物体图像。

图3.7展示了DALL-E模型的基本架构。DALL-E的基本原理是基于生成对抗网络(GAN)和变分自编码器(VAE)等技术，将文本描述转换为图像，并根据输入的文本生成与描述相符的图像。具体来说，DALL-E包含两个主要的组件：一个图像生成网络和一个文本编码器。文本编码器将给定的文本描述编码成一个向量，该向量被输入到图像生成网络中，图像生成网络则使用该向量生成与描述相符的图像[1]。

---

① DALL-E: Creating images from text[EB/OL]. https://openai.com/research/dall-e, 2021.

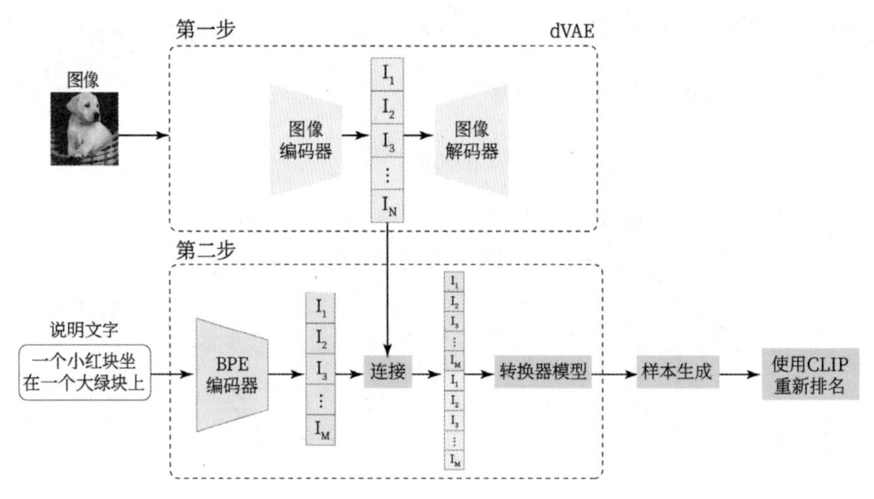

图3.7　DALL-E 模型的基本架构

DALL-E模型使用大规模的自监督学习，可以在互联网上搜集图像并自动学习模型，从而生成新颖的物体图像。此外，DALL-E模型还引入了一些特殊的技术，如多层蒙皮、镶嵌和连续几何等，使得生成的图像更加逼真和多样化。DALL-E模型的应用非常广泛，它可以用于电影特效、游戏开发、广告设计、自动化设计等领域，还可以用于生成逼真的虚拟现实场景、自动化图像编辑和图像重建等任务。DALL-E模型是人工智能技术在图像生成领域的一次重大突破，为未来的图像生成和创作提供了无限可能。

第四节　一切的一切：ChatGPT

ChatGPT 可谓前述技术的集大成者，它成功地将技术转变为打动所有人的实际产品。在本节，我们简要介绍一下ChatGPT以及GPT-4对应的技术。

一、ChatGPT 中的 Seq2Seq 思想

ChatGPT的底层模型就是GPT模型，而GPT模型来自Transformer模型的解码器部分。Transformer模型是一个采用注意力机制完成捕获上下文任务的最流行的Seq2Seq模型，所以从某种程度来说，ChatGPT是一个标准Seq2Seq

模型的一部分。从另一个角度来说，相比于模块化设计理念，Seq2Seq模型注重模型的整体性，数据从输入到输出的整个过程都由一个黑盒模型来完成。如今的GPT模型动辄几亿甚至上百亿参数，过大的模型和过于复杂冗长的计算使模型很难具备有效的可解释性。从这个角度来说，GPT模型十分符合Seq2Seq模型的思想。

对于GPT这种模型，制定合理的训练方法是激发其优秀表现的法宝。下面我们简要介绍OpenAI究竟采用什么训练方法使GPT模型摇身一变成为如今家喻户晓的ChatGPT。

ChatGPT采用“指令微调”方法，即RLHF (Reinforcement Learning from Human Feedback，大模型的基于人类反馈的强化学习)。该方法共分为三步：有监督的微调；训练反馈模型；近端策略优化算法。RLHF流程如图3.8所示。

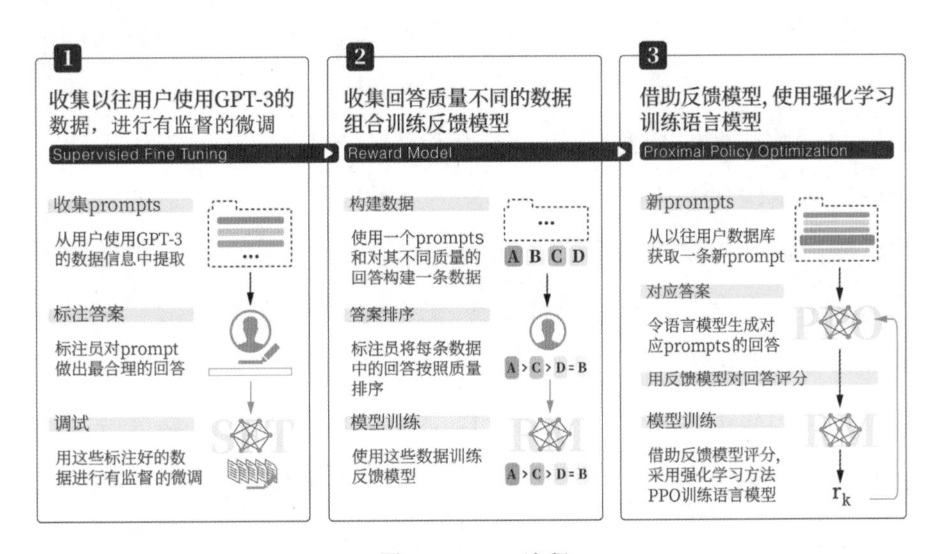

图3.8 RLHF 流程

具体来说，有监督的微调是指将以往用户使用算法过程中的问题作为输入，将相应的正确答案作为实际标签，对GPT模型进行微调。微调过程：第一步，通过少量的“问题—答案”样本让模型初步具备理解问题含义和做出回答的基本功能；第二步，训练一个反馈模型(reward model)，这个模型的作用是评价问题的不同回答，得分越高，回答质量就越好；第三步，采用一种称为“近端策略优化”的强化学习算法，利用第二步的反馈模型训练第一步微调之后的GPT。通过这三步，GPT就变成了惊艳所有人的ChatGPT。

从这个训练过程可见，对于采用Seq2Seq思想的模型来说，最重要的不是告诉它知识点是什么，而是告诉它学习方法。

二、GPT-4 支持多模态

2023年3月，距离ChatGPT推出不到半年，OpenAI公司推出了新的旗舰模型——GPT-4。相较于ChatGPT，GPT-4在各方面的表现更进一步。更重要的是，相较于只支持文本数据的ChatGPT，GPT-4是一个真正意义上的多模态模型。

具体来说，GPT-4支持各种图像处理任务，比如识别图中信息，对图像内容进行描述，甚至可以主观地对图像风格、质量等做出评价。从技术角度来看，GPT-4理解图像的方法不是先将图像转化为结构化或非结构化的文本信息，进而将图像问题转化为文本问题，而是直接将图像作为预训练任务的输入，让模型理解图像。从实际应用场景来看，GPT-4的这种图像识别、理解和生成能力无疑优化了用户的使用体验。当用户无法使用合适的语言来描述意图的时候，通过图像来丰富语义是十分有帮助的。比如，各大搜索引擎平台，诸如百度、谷歌等都将图像搜索作为搜索引擎十分重要的一部分，可见图像理解能力的重要性。

除了图像信息，或许在不远的未来，GPT系列模型还可以理解音乐、视频等更多数据模态，真正成为“十项全能”的多模态模型。

第四章 AIGC与文本生成

在 2022 年之前，文本生成还只是人工智能领域的一个研究方向，并没有惊艳人们的实际产品落地。2022 年末，OpenAI公司推出了智能对话语言大模型 ChatGPT，将AI 文本生成从实验室推向大众的视野。

一时间，“人工智能到底会不会取代人类”成为人们经常讨论的热点问题。不可否认，ChatGPT 的文本生成能力十分强大，表现出可以代替人类完成文本创作的倾向。但是，从ChatGPT 的实现技术来说，它不能像人类一样根据世界的发展实时更新知识库，因此目前让人工智能完全取代人类进行文本创作还是不切实际的。不过，人们借助 AI 提高工作效率是大势所趋。本章将紧密结合“借助 AI 提高文本创作效率”这个核心思想，向读者介绍如何使用AI 辅助工作。

本章首先概述 2022 年之后国内外涌现的 AI 文本生成大模型及其各自表现；其次从实际工作角度出发，分别介绍人们应该如何借助 AI 来完成文案创作、代码书写以及其他文本创作任务；最后简单探讨 AI 文本生成技术可能会给社会带来哪些问题。

第一节　AI 文本生成与发展

以往，各种文本生成系统的开发主要是根据不同文本生成任务的特点，有针对性地开发一系列模块，将其组合在一起来完成相应的任务。这种由不同模块组合在一起的系统也称为管道(pipline)。举例来说，过去的智能问答系统主要由语义理解模块、答案检索模块、文本生成模块三部分组成①。

首先，语义理解模块从用户输入的非结构化文本中提取有意义的对象和其相关属性，变成算法可以理解的结构化数据；其次，答案检索模块根据语义理解模块获取的结构化数据来生成数据库检索指令，它既可以是关系型数据库的SQL检索语句，也可以是图数据库的检索语句；再次，答案检索模块进一步对得到的检索信息进行筛选，留下最有用的信息；最后，文本生成模块根据检索后的信息生成最终的回复。由上述过程不难看到，过去的文本生成系统工程量较大、过程复杂，因此效果不尽如人意。

释义 4.1：管道(pipline)

管道又称“流水线”，是现代计算机处理器中必不可少的一部分。它是指将计算机指令处理过程拆分为多个步骤，并通过多个硬件处理单元并行执行来加快指令执行速度。它的具体执行过程类似工厂中的流水线，因此得名。但是如今管道也被广泛用于指代由多个模块串联而成的系统或者算法。

近几年来，随着基于编码器和解码器的端到端模型与预训练模型的思想在自然语言处理领域的盛行，端到端预训练文本生成大语言模型(以下简称“大模型”)为智能文本生成开创了新纪元②。

---

① CHEN H, LIU X, YIN D, et al. A survey on dialogue systems: Recentadvances and new frontiers[J]. Acm Sigkdd Explorations Newsletter,2017, 19(2): 25-35.

② RAFFEL C, SHAZEER N, ROBERTS A, et al. Exploring the limits of transfer learning with a unified text-to-text transformer[J]. The Journal of Machine Learning Research, 2020, 21(1): 5485-5551.

释义 4.2：端到端模型(Seq2Seq models)

从原始数据输入到结果输出，从输入端到输出端，中间的神经网络自成一体(也可以当作黑盒[①]看待)。人们不用去关心模型内部具体做了什么，而只需关心如何让模型根据输出结果来调整实际表现，这为用户省去了优化每个模块所需的繁杂步骤。

释义 4.3：预训练模型(pre-trained models)

预训练模型是指根据一些基本的训练任务和大量语料让模型具备基本的能力。比如，通过“完形填空”的任务和大量的自然文本语料，让模型具备理解基本文字含义的能力。在此基础上，让模型通过微调的(fine-tuning)方式完成具体任务的学习，如区分文本情感、判别文本相似度等。预训练模型的训练思想也称为预训练思想。

从实际表现结果来看，大模型不仅文字生成质量高，而且当它遇到一些超纲的问题时也可以回复自然的语句，而不是毫无意义的字串，这是之前的管道系统无法实现的，所以可以说大模型具有很高的“泛化性”。从研发过程来说，大模型不是由不同模块组成的，它是一个整体，它接受用户输入的文本数据，然后经过一系列计算，生成文本形式的结果呈现给用户。因此，大模型研发所需要关心的不再是针对不同文本生成任务的特点构建不同的模块，而是如何让模型认识文本。如此一来，一个大模型理论上应该可以完成任何类型的文本生成任务，具备极高的通用性。

图4.1呈现的是两种文本生成系统的对比。简单来说，大模型就是将传统管道模式的各种模块封装在一起，变成不可解释的黑盒模型，让使用者享受真正的“一站式”服务。研发人员不需要过度关心黑盒内部的具体流程，当然黑盒内部本身也不具备可解释性，更不需要针对每个步骤进行相应的优化，只需要输入问题，设定合适的学习任务，使模型根据回答调整自身参数

① 黑盒是指人们将神经网络视为一个整体，并不十分了解神经网络内部的运行方式。

即可。这无疑大大降低了文本生成系统的开发难度，为文本生成系统的问世提供了条件。

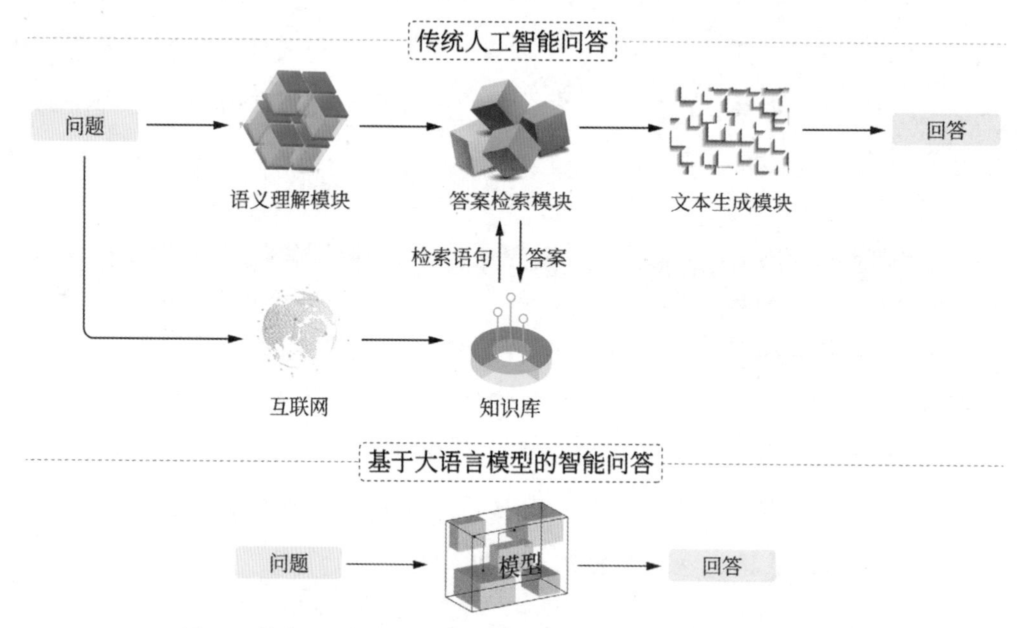

图4.1　传统人工智能问答和基于大语言模型智能问答的技术对比

怎样才能训练出优秀的AI工具，让它生成用户想要的内容呢？首先，根据算法来设置学习方式；其次，人工智能将从大量文本数据中进行学习，并使用深度学习模型和已有的学习结果生成新文本；最后，生成内容。以下几个步骤概括了AIGC的训练过程，包括培训、编码、学习、生成、优化、迭代，如图4.2所示。

(1) 培训。人工智能模型需要大量数据来学习模式和生成内容。开发人员为这些模型提供了大量的文本数据，例如文章、博客或书籍，以训练模型理解语言和上下文。

(2) 编码。开发人员将文本数据编码成AI模型可以理解的数字表示形式。常见的编码技术包括词嵌入，即将词表示为高维空间中的向量；字符级编码，即将每个字符表示为唯一的数值。

(3) 学习。一旦数据被编码，人工智能模型就会经历一个学习过程，包括寻找不同文本片段的模式及理清这些文本片段的关系。

(4) 生成。模型从训练数据中学习到模式后，可以根据输入文本预测下一个单词或单词序列，以编程方式生成新文本。此过程称为语言生成或文本生成。

(5) 优化。为了提高生成文本的质量，开发人员使用各种优化技术(例如波束搜索或采样)来生成输出文本的多种变体，并根据预定义的指标(例如流畅性、连贯性和相关性)选择最佳变体。

(6) 迭代。AIGC模型经过多次迭代训练、测试和优化，不断提高以编程方式生成高质量本文内容的能力。

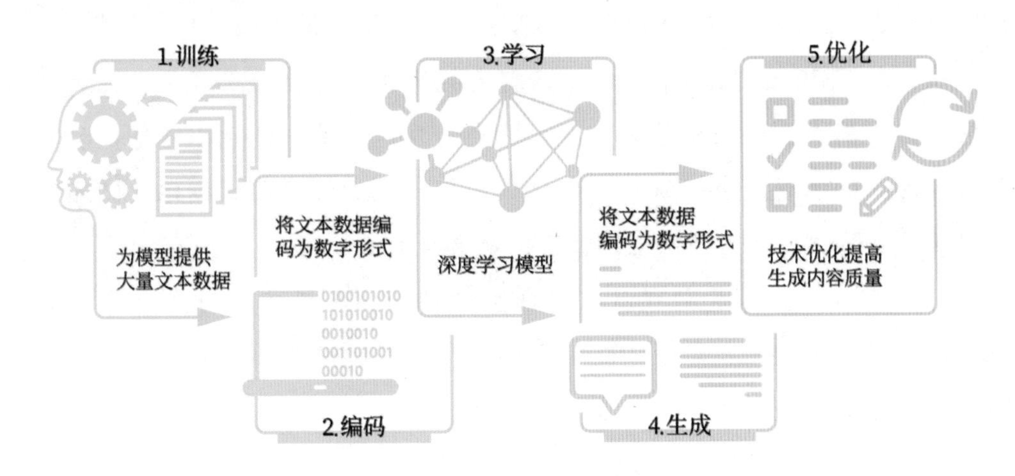

图4.2 AIGC 编程学习生成方式

2022年末爆火的ChatGPT就是基于一个可以被称为“划时代文本生成系统”的大模型，即GPT模型，我们可以将其理解为能理解文字含义的算法。当然这种理解与人类对文字的理解是不一样的。“文字是思想的外壳”，人类看到文字后会产生相应的思想，这种思想可能是文字对应的实体事物，也可能是逻辑链条，还可能是其他事物。但算法并没有思想的概念，算法对文字的理解单纯是以它在预训练时见过的海量文字为参考，根据输入的文字本身去预测输出内容。但无论如何，从整体来看，大模型能“理解”用户输入的文字，然后根据文字生成适当的回复。

除了ChatGPT，国内外也有很多相似的大模型，并且各个互联网公司也会用这些大模型来开发各自的文本生成系统。下面，本节将列举一些国内外具有竞争力的大模型，并从用户的角度衡量它们各自的特点，基于此预测以它们为核心构建的不同的文本生成系统在性能上可能存在的区别。

一、ChatGPT的出圈

OpenAI公司推出的ChatGPT备受大众和企业的关注。一时间，“人工智能会不会取代人类”“后AI时代人类该何去何从”等话题不断出现在多个主流媒体页面的头版位置。下面，我们来全面了解ChatGPT。

ChatGPT作为一种先进的自然语言处理技术，能够理解和生成人类自然语言的表达，可以作为一个聊天机器人和人类对话，提供语言交互服务。

用户使用ChatGPT非常方便，只需要打开相应的应用程序或网页就可以和它对话。用户可以用自然语言提出问题、表达想法，ChatGPT会自动理解并回答用户的问题或者提供相应的建议。与传统的搜索引擎相比，ChatGPT可以提供更精准、更有个性化的回答，也更为灵活、自然。

ChatGPT的优势是它可以与用户实时对话，而不需要用户等待查询结果。这使得ChatGPT非常适合处理需要即时响应的问题，如客服咨询、日常提醒、情感交流等。用户可以在任何时间、任何地点与ChatGPT对话，享受全天候的语言交互服务。

ChatGPT可以根据用户的需求和反馈进行学习和调整，提高对话的质量和效果。例如，当ChatGPT无法理解或回答用户的问题时，用户可以提供相应的反馈或纠错，ChatGPT会根据用户的反馈进行学习和调整，提高自身的语言理解和生成能力。这种学习和调整的过程是自动化的，不需要用户进行复杂的设置或操作。

ChatGPT可以提供一些特殊的功能。例如，用户可以通过语音输入的方式与ChatGPT对话，这对于一些语言障碍用户非常有用。ChatGPT还可以分析用户的语言情感，提供情感支持和咨询。对于一些需要跨语言交流的用户，ChatGPT也可以提供多语言支持，方便跨文化沟通。

在使用ChatGPT时，用户需要注意一些限制和安全问题。首先，由于ChatGPT基于机器学习算法，它可能会受到数据偏差和噪声的影响，导致生成的内容不够准确和可靠。因此，用户在使用ChatGPT时，需要谨慎判断并验证生成内容的准确性和可靠性。其次，由于ChatGPT是基于用户数据进行学习的，它可能会涉及用户隐私和安全问题。因此，用户在使用ChatGPT时，需要注意保护自己的隐私和数据安全。

总之，ChatGPT是一种非常有用、方便的自然语言处理工具，它可以帮助人们解答日常问题，还可以帮助人们提高工作效率。

在ChatGPT推出之后，仅仅过去3个月时间，OpenAI紧接着推出下一代大语言模型——GPT-4。和ChatGPT相比，GPT-4的表现更加优秀，它甚至可以通过美国司法考试，取得律师职业资格，SAT(相当于美国的高考)对它来说更是小菜一碟[①]。

不仅如此，GPT-4还支持长达3万字节的总文本长度(ChatGPT仅支持8千字节的总文本长度)，这让GPT-4可以完成更多、更复杂的任务。比如，用户输入一篇论文，令其总结观点；再如，用户可输出一篇完整的文章，而不仅仅是提纲或者活动文案。GPT-4还支持图片的理解和生成。

此外，OpenAI公司推出了可以令GPT模型无缝衔接各种应用程序的ChatGPT plugin框架。有了它，用户可以将ChatGPT接入各种应用程序，利用其订购最划算的机票、制订今日计划甚至结合搜索应用使其成为最靠谱、最好用的私人百科全书。

总而言之，如今GPT系列产品让数据变得有智慧，它的未来充满无限可能。

二、国外AI文本生成的火热

从2022年12月OpenAI公司推出ChatGPT至今，不到一年时间，国外多家互联网公司便陆续推出各自的旗舰大语言模型，以及基于大语言模型的各种类ChatGPT的智能对话算法。在这场关于生成式文本大语言模型的竞赛中，没有任何一家互联网公司甘愿掉队，不论是微软、谷歌这种国际公司，还是一些专耕于人工智能的独角兽公司。下面我们详细介绍国外已经发布的大语言模型和类ChatGPT算法。

---

① OpenAI. GPT-4 Technical Report[Z]. 2023. arXiv: 2303. 08774[cs.CL].

1. ChatSonic

除了OpenAI公司，美国其他独角兽科技公司也纷纷推出了自己的类ChatGPT产品，其中传播最广的是由WriteSonic公司研发的ChatSonic。它号称生成的文本质量比ChatGPT更高，拟人效果更好。下面我们来看看ChatSonic的自我介绍。

ChatSonic是一款具有创造力的人工智能写作助手，可以解答任何问题并创作出卓越的素材，如博客文章、诗歌、论文、电子邮件等。ChatSonic提供准确、原创的答案，其字数在80字左右。ChatSonic不会接受涉及暴力、性暗示、自残等敏感元素或具有冒犯性和争议色彩的创作请求。

与传统的写作方式不同，ChatSonic可以帮助用户缩短创作时间，为用户提供专业的写作服务，而且ChatSonic价格实惠、支付方便。ChatSonic拥有专业的编辑团队，可以帮助用户提高写作水平，提供全面的写作指导。此外，ChatSonic还提供多种自定义服务，包括自动续写文章、模仿特定作者风格等。ChatSonic与ChatGPT存在以下几处区别。

(1) ChatSonic能够更加完善地理解语义，更加准确地识别语境，并能为用户提供更加专业的回答。

(2) ChatSonic可以生成更加丰富的文章内容，包括较长的博客文章、论文和报告。

(3) ChatSonic和ChatGPT都可以生成高质量文章，但ChatSonic生成的文章内容更加符合专业性要求，而ChatGPT更加强调文章的可读性。

(4) ChatSonic严格遵守内容安全政策，不会接受包含暴力、性暗示、自残等敏感元素的创作请求。

但是很显然，ChatSonic生成的内容并不完整。首先，虽然ChatSonic自动生成的介绍中一再强调其内容的准确性和脱敏性，但实际上ChatSoinc

与ChatGPT在这两方面的表现是相近的，无法达到人类的水准。其次，在ChatSonic的自我介绍中，它表明自己对输入文本的寓意的理解比ChatGPT更准确，生成的文本质量也比ChatGPT更高，但在很大程度上这是“王婆卖瓜”的行为。

实际上，ChatSonic最大的优点在于实时连接搜索引擎，也就是它输出的内容是紧跟时代的；而ChatGPT是离线模型，其内容是无法实时更新的。当然ChatSonic也有明显的缺点。首先从它生成的内容可以看到，其内容不够全面。其次它无法像ChatGPT那样完成更复杂的任务，比如协助发现代码中的问题。

总体来说，ChatSonic是与ChatGPT类似的智能写作助手。它可以完成大部分AI文本生成任务，并且可以保证文本的质量。更重要的是，它连接了搜索引擎，可以回答时效性问题。

2. OPT

相比于ChatGPT和ChatSonic，OPT模型的文本生成能力还需要通过合适的文本输入来进一步激发，因此本书不能直接通过OPT生成的内容来对其进行介绍。OPT模型是由Meta公司的AI团队开发的一款大规模预训练语言模型①，其全称为open pretrained transformer。它是一款完全开源的模型，所谓开源，就是从模型架构到预训练数据，从预训练过程到指令微调过程，所有相关信息都是公开的，可以让所有人查阅和学习。开源能够阻止各大公司之间的恶性竞争，将人为制造的技术壁垒完全消除。可以说，开源是OPT模型最大的魅力，也为Meta赚足了公众好感。

但评价一款大语言模型，最重要的还是要看用户的使用体验。从实际使用角度来说，OPT相较于ChatGPT与ChatSonic有明显的劣势。一方面，OPT虽然可以完成一些常见的文本生成任务，例如智能问答、工作报告续写等，但它生成的文本质量明显较差。另一方面，从生成的文本内容准确性来讲，即使OPT回答的格式正确，但它生成的内容经常含有常识性错误，并且随着

① ZHANG S, ROLLER S, GOYAL N, et al. Opt: Open pre-trained transformer language models[J]. arXiv preprint arXiv:2205.01068, 2022.

文本篇幅变长，还会出现“胡言乱语”的现象。

总而言之，OPT是一款开源的大语言模型，其学习价值远超其使用价值。如今各种科研机构都依赖OPT这款开源的大语言模型，它的相关社区建设也比其他大语言模型更加多元和健康。毕竟，开源的力量是无限大的。

当然，OPT只是Meta公司早期开发的大语言开源模型。2023年3月，Meta公司发布了架构更完善、功能更强大的开源模型——LLaMA[①]。LLaMA具有不同大小的版本，从70亿参数版本到650亿参数版本应有尽有。随后，斯坦福大学推出了基于LLaMA的类ChatGPT算法——Alpaca，各种测试表明它的性能与ChatGPT不相上下。

三、国内 AI 文本生成的发展

国外大语言模型一派火热景象，国内各大公司也不甘示弱。下面我们一起看一看，国内哪些公司成为“敢于吃螃蟹的人”。

1. ChatYuan

在具体介绍ChatYuan之前，不妨先看看它自动生成的自我介绍。

ChatYuan是一款智能聊天机器人，可以帮助用户与陌生人进行沟通，实现智能化互动。它拥有丰富的表情、语音及视频，可以为用户提供丰富的智能聊天体验。用户可以通过语音或视频与它进行互动，并可通过语音或语音交互来控制机器人执行动作，使机器人能够完成简单的任务。用户还可以通过语音和视频进行对话，通过语音或文字传递各种信息。用户不仅可以使用它来与陌生人沟通，还可以通过它来控制机器，帮助自己完成复杂的任务。

ChatYuan是在ChatGPT发布之后，首个由我国一家独角兽科技公司——元语智能发布的类ChatGPT智能对话系统，发布日期为2022年12月20日。

① TOUVRON H, LAVRIL T, IZACARD G, et al. Llama: Open and efficient foundation language models[J]. arXiv preprint arXiv:2302.13971, 2023.

ChatYuan上线后获得人们的高度关注，迎来了巨量用户，但由于其产品对于敏感问题没有做脱敏处理，后被紧急下线。截至笔者撰写本书的时间，ChatYuan还在做进一步的后续开发，其有望成为我国第一个标志性的生成式智能对话应用。

从用户使用体验来说，ChatYuan的优点在于中文理解能力强于国外的类似应用，因为ChatYuan研发过程所使用的数据都是中文文本数据。此外，正如ChatYuan在自我介绍中提到的，它不仅可以理解文本内容，还可以借助OCR(optical character recognition，光学字符识别)技术、ASR(automatic speech recognition，语音识别技术)技术理解视频中的文字和音频资料。此外，它有丰富的输出形式，不局限于文本本身，还可以输出富文本，甚至是音频。但是它的缺点也显而易见，首先它的实际表现并没有ChatGPT那样惊艳，其次它没有对敏感问题进行脱敏处理。但不论如何，作为首个由国内公司发布的智能对话系统，它的未来是不可限量的。

2. 文心一言

“文心一言”是百度以其独立研发的大语言模型ERNIE3.0作为基础模型进一步研发的智能对话应用。虽然“文心一言”在发布之初的表现与ChatGPT有较明显的差异，贡献出很多博人一笑的实时爆梗，但从整体来说，它的表现完全可以满足国内大众的预期，并且一经发布就获得许多公司和个人用户的高度关注。下面，我们结合大语言模型ERNIE3.0本身的表现和百度具备的技术积累，对其开发的智能对话应用进行简要介绍。

一方面，从ERNIE3.0模型的实际研发过程来说，它不仅参考了GPT模型文本生成的预训练策略，还参考了BERT模型掩码预测的预训练策略[①]。结合两种预训练策略的ERNIE3.0走出了与GPT截然不同的技术路线，不同的技术路线意味着摆脱国外技术封锁的可能，并且结合“文心一言”的实际表现来看，我们有理由相信这条技术路线很可能在未来实现真正的“弯道超车”。另一方面，从ERNIE3.0的技术报告可以看到，百度在研发过程中投入了高

---

① SUN Y, WANG S, FENG S, et al. Ernie 3.0: Large-scale knowledge enhanced pre-training for language understanding and generation[J].arXiv preprint arXiv:2107.02137, 2021.

质量、大规模的中文语料数据，这使“文心一言”在中文应用场景的表现可能超过ChatGPT，成为服务于中文用户最可靠的大语言模型。此外，百度在“脱敏性”“输入数据类型丰富度”“输出文本样式丰富度”“语音输出”等附加特性上也做出了努力。所以从用户使用角度来看，“文心一言”虽然没有把智能对话的表现带到一个新高度，但它是一款专注中文的比ChatGPT更成熟、更全面的智能对话应用。

3. WeLM及其他大语言模型

WeLM是腾讯微信团队仿照GPT-3模型结构开发的一款国内生成式大语言模型，但是该团队并没有继续基于此模型开发相应的智能对话应用。本小节将探讨以WeLM为基础模型开发智能对话应用的可能性。

从模型结构来说，WeLM比百度的ERNIE3.0和元语智能的基础模型更像GPT模型。因此，从理论上来看，以WeLM为基础开发的智能对话应用的表现水平应当与ChatGPT相当。从现有模型完成一些自然语言生成任务的表现来看，WeLM已经具备基本的文本理解能力，它能完成简单的问答、模仿具体风格的文本续写、改写文本等任务。但是，它与智能对话应用的差距还很大，因为目前它还不能理解用户输入的文本背后的指令含义，这需要进一步开发。但不论如何，它都具有可挖掘的潜力。

除了WeLM，其他互联网公司也开发了大语言模型。比如，华为的“盘古”模型是当前最大的大语言模型，其参数量高达4000亿。再如，阿里的“AliceMind”系列智能模型中也出现了大语言模型的身影。可以乐观估计，随着国外公司将类ChatGPT应用推到更高的热度，国内公司也会纷纷出手，争夺这个十分有前景的市场。国内外大语言模型概览如图4.3所示。

综合来看，国内关于大语言模型以及类ChatGPT的研究还停留在技术的底层研究阶段，唯一大量面向公众开放的、实际落地的类ChatGPT产品就是百度推出的“文心一言”，但它的整体表现与ChatGPT相比还有一定的差距。反观国外，类似的底层大语言模型已经呈现百家争鸣的态势，并且各大公司也纷纷朝类ChatGPT应用甚至ChatGPT再开发的方向大步前进。比如，ChatSonic在联网搜索、更丰富的文本样式上做足了功夫。

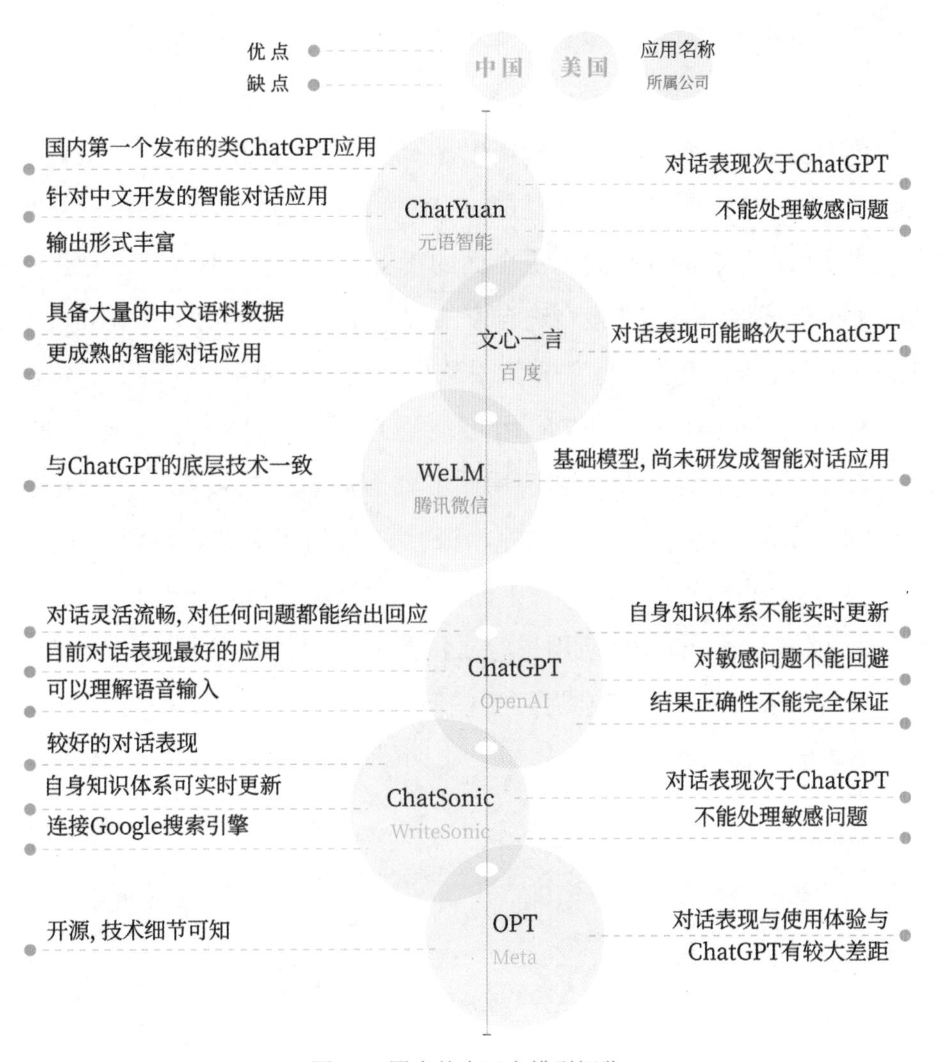

图4.3　国内外大语言模型概览

接下来，我们将详细探讨对ChatGPT进行再开发的问题，并介绍各大公司如何将类ChatGPT产品二次开发成各种满足具体领域需求的垂直应用。

第二节　AI 文本生成的垂直应用

纵观2022年，在AI文本生成领域最火爆的话题莫过于ChatGPT。或许ChatGPT现在仅仅是大家茶余饭后讨论的新热点，或者是大家心血来潮时尝试的玩具，但我们不可否认它确实展现了无穷的潜力。相关从业者如今不仅努力研发更智能的大语言模型以及类ChatGPT应用，他们还在思考如何对类ChatGPT应用进行二次开发，进一步激发它的潜力。举例来说，OpenAI公司推出了基于ChatGPT的Plugin插件，让ChatGPT可以接入到各种应用中，帮助用户完成日常琐事，让ChatGPT成为更全面的“Siri”或是“小度”。无独有偶，微软公司也尝试将ChatGPT集合进自家的搜索引擎“必应搜索”(Bing)，并借助ChatGPT的优势一度将自家的搜索引擎推到最受欢迎排行榜的第一位。

图4.4呈现了类ChatGPT应用可能适用的实际场景与相应领域。类ChatGPT应用经过二次开发可以应用于专业客服、智能搜索、智能创作这三个场景中，涵盖金融、医疗、政务、银行、互联网、教育、科学研究、文娱、广告、动画和设计等领域。下面，我们深入到这三个具体的应用场景中，介绍如何对类ChatGPT应用进行二次开发，以满足各种垂直领域需求；讨论在二次开发过程中可能会遇到哪些问题；了解类ChatGPT应用在这些应用场景中具备什么优点。

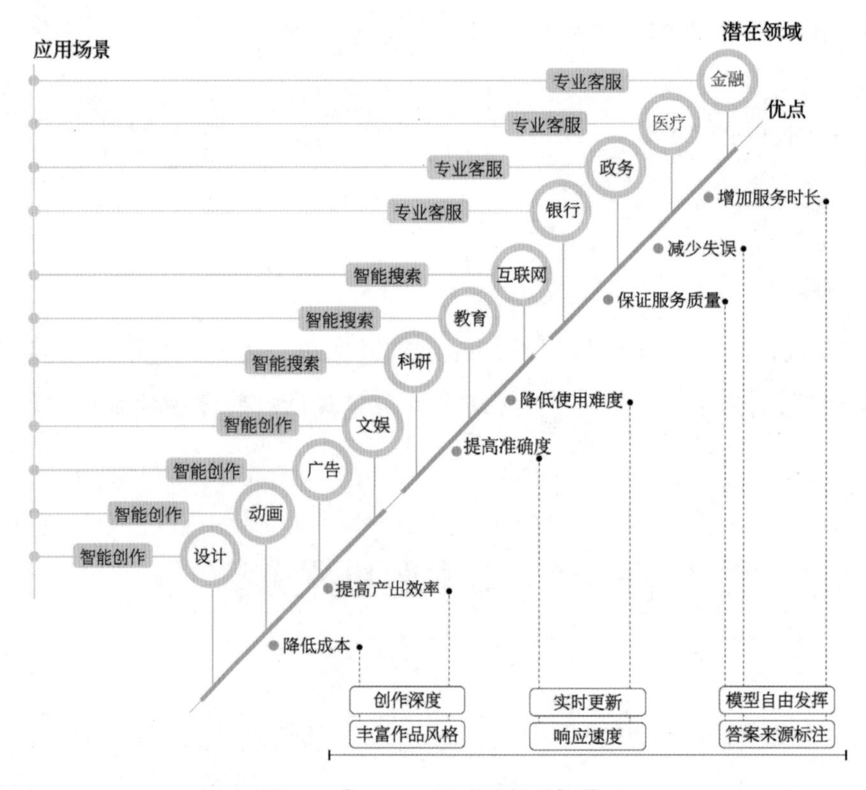

图4.4　类 ChatGPT 应用场景概览

一、专业客服

作为一个用户，你是否因客服不能提供24小时服务而烦恼？你是否因为客服的失误造成损失？你是否因为事情紧急、态度不好导致咨询困难？反过来，作为一名客服人员，你是否因为被要求24小时坚守岗位而情绪崩溃？你是否因为工作时间过长而产生失误？你是否因为客户的误解而感到委屈？好消息是，现在类ChatGPT产品可以同时解决用户和客服人员的烦恼！

当然，类ChatGPT产品不可能完全替代人工，因为算法即使再强大，它也不会像人类一样可以灵活变通。因此，让类ChatGPT产品辅助客服人员开展日常工作是一种有效的方法。一个已经落地的辅助方式是让类ChatGPT产品完成一些简单的客服任务，为客服人员减轻工作压力，使其有更充沛的精力去完成复杂的任务。比如，过去在餐饮行业中，智能算法可帮助客人完成在线预订、开发票等简单的任务；对于比较困难的任务，比如介绍餐厅特色、为客人规划就餐时间等可能需要人工完成。现在，类ChatGPT可以完成这些任务，但是依旧可以为客人提供人工服务的选项，让客人自由选择。毕竟对于餐饮行业来说，门店或许不会专门设置客服岗位，所以此时类ChatGPT产品提供的服务可以大大减轻门店工作人员的负担。

如今，类ChatGPT应用的智能对话能力已经足够强大。对于其他传统领域的客户服务，如金融领域的各种产品咨询、医疗领域的健康咨询或者网上问诊、政务网站的咨询服务、银行理财咨询等，采用类ChatGPT应用完成客服咨询任务，并且给用户提供有时限的人工服务依旧是一个很好的选择。此时，客服人员可以从电话一端暂且退到二线，凭借专业知识去监督算法的表现，并且在算法可能出错时，及时更正。

这种咨询服务对类ChatGPT回复的准确性提出了较高的要求，人们不希望算法自由发挥，而是希望算法基于已有的知识库，提供可靠的答案，甚至标记出答案的来源。如今，一个有效结合类ChatGPT应用和知识库的框架已经被提出，它就是LangChain[①]。图4.5呈现了借助LangChain进行咨询服务的流程。

---

① CHASE H. LangChain[EB/OL]. https://github.com/hwchase17/langchain.

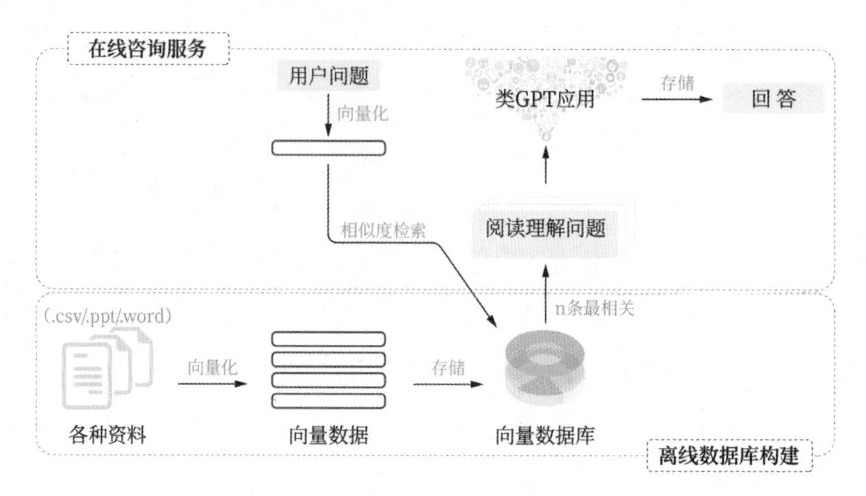

图4.5　智能咨询服务流程

在图4.5中，咨询服务分成两步。第一步是构建相关领域的数据库。这一步是一个线下流程，不需要实时更新数据库，隔一段时间更新一次就可以。在构建数据库时，可以把各种形式的资料(比如文件、图片、音频)用不同的方法转变成向量形式，然后存储在向量数据库中。第二步是在线咨询反馈。这一步需要对用户的问题进行实时反馈。具体来说，当用户提出一个问题时，可以用和第一步相同的算法将问题转变成向量，然后计算该向量与数据库中向量的相似度，从数据库中选出最相关的几条信息，再将这几条信息作为阅读材料，让类ChatGPT应用结合用户的提问，从这几条信息中获得答案，并反馈给用户。当然，除了向量数据库，我们还可以选择传统的关系型数据库作为知识库，此时让类ChatGPT应用将用户的问题变成SQL查询语句是一个难点。综上所述，通过这种结合数据库的方式，类ChatGPT可结合不同领域的专业知识，变成专业的智能客服。

释义 4.4：LangChain

LangChain 是一个开源的应用开发框架，目前支持Python和TypeScript两种编程语言。它赋予大语言模型两大核心能力：一是数据感知，即将语言模型与其他数据源相连接；二是代理能力，即允许语言模型与其环境互动。LangChain 的主要应用场景包括个人助手、基于文档的问答、聊天机器人、查询表格数据、代码分析等。

但是，即使基于大语言模型的智能对话技术再完善，它也不能作为一些重要客服的替代品，比如急救、警情、灾情等重要事件的客户服务。但是这不意味着类ChatGPT产品不能在这种客户服务中发挥作用。例如，当患者拨打急救电话寻求帮助时，类ChatGPT模型根据患者的回答和电话来源快速生成地址，客服人员只需要再次向患者确认地址是否正确，就可以快速呼叫救护车，这会大大缩短救护车到达现场的时间，也可以降低急救客服人员的技术门槛。再如，面对大量的警情电话，在客服人员接听时，如果类ChatGPT应用自动记录警情提要，自动分析事件紧急程度并合理安排处理方式，就可以使有限的警力发挥出最大的价值，避免因一些日常口角纠纷或者轻微的交通事故而延误对重大或紧要事件的处理。

总而言之，依照不同情境，类ChatGPT应用可以发挥不同的作用。在常规的客户服务中，类ChatGPT应用可以作为实际的客户服务者，令客服人员退居幕后，起到监督的作用。而在重要事件的客户服务中，类ChatGPT应用可以充当辅助者，节约时间，提高服务效率。

二、智能搜索

除了客服以外，类ChatGPT应用还可以与搜索引擎结合，进一步优化用户使用搜索引擎的体验。对于当代人来说，使用“百度”“谷歌”“必应”等搜索引擎来获取信息是十分常见且重要的，这也要求人们具备一定的问题总结能力和信息提取能力。

问题总结能力是指人们需要明确问题，把最恰当的问题告诉搜索引擎，让搜索引擎反馈更准确的链接。

信息提取能力是指人们需要综合搜索引擎反馈的海量信息，从中提取真正有价值的信息。

这两种能力是十分重要的，如果用户不具备这两种能力，搜索引擎往往会给用户带来很差的使用体验，甚至带来严重的损失。不可否认，这种损失与搜索引擎运营者的无良行为有很大关系，加强对此类运营者的监管和约束是十分必要的。但是，除了加强监管和约束外，还有没有其他办法解决这个问题呢？答案是有。我们可以将类ChatGPT应用与搜索引擎结合起来，解决上述问题，降低用户使用搜索引擎的难度，并且提高回复信息的可信度。2023年初，已经有互联网巨头公司在进行此类的探索，比如微软公司就将GPT-4接入自家的必应搜索引擎中，以优化必应的实际表现。

图4.6呈现了将类ChatGPT应用与搜索引擎相结合的方法。具体来说，当用户输入一个问题时，首先，交由类ChatGPT应用(一个为了优化用户体验而定制的类ChatGPT应用)对问题进行理解和再生成，使再生成的问题描述更准确，更符合搜索引擎的偏好。其次，类ChatGPT应用将再生成的问题提交给搜索引擎，搜索引擎根据问题获得海量的链接索引。最后，这些海量链接索引会交由另一个类ChatGPT应用，使其从这些海量链接中提取信息，总结出一个最合理的答案展现给用户。在最后一步中，类ChatGPT应用实际上是在完成一个针对海量信息的阅读理解和信息提取任务，这与客服型类ChatGPT应用的技术手段是十分相似的。

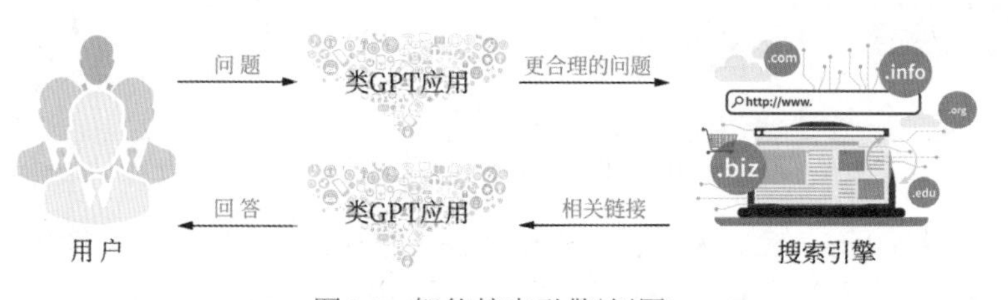

图4.6　智能搜索引擎(例图)

这种类ChatGPT的应用领域十分广泛，可以覆盖大部分搜索引擎触及的领域，比如互联网、教育、科学研究等。但是这种类ChatGPT应用存在一个很重要的问题，那就是响应速度不够快。搜索引擎有一个重要的性能指标就是响应时间，用户输入一个问题后，结果应该在零点几秒内呈现。但是，类ChatGPT应用要对搜索引擎的输入和输出进行加工，这本身就会延长响应时间；更关键的是，如今的类ChatGPT应用模型体量很大，很难在短时间内生成结果，这极大地影响了用户的使用体验，因此如何缩短响应时间，加快响应速度，是类ChatGPT应用在智能搜索场景下亟待解决的问题。

总而言之，类ChatGPT应用在与搜索引擎相关的应用场景中具有无限的潜力。有类ChatGPT应用护航，用户不用担心因问题描述得不够准确而导致搜索引擎不能反馈自己想要的信息，用户也不用操心如何从海量的信息中提取自己想要的答案，这一切都交由类ChatGPT应用处理即可。但是，美好的愿景与现实总是存在一定的差距，在将类ChatGPT应用与搜索引擎结合之前，人们需要先解决类ChatGPT应用响应时间较长的问题。

三、智能创作

ChatGPT刚推出时，吸引了大众的关注，也引发了人们对相关企业裁员的担忧。比如，在ChatGPT推出两个多月后，美国新闻巨头BuzzFeed(以下简称“寺库”)就宣布采用AIGC和ChatGPT技术变革奢侈品运营模式，裁员12%；随着寺库宣布裁员信息，它的股价迎来一波短暂的疯狂上涨[①]。这一波裁员潮席卷了文娱、广告、动画、设计等诸多领域，一时间人心惶惶，人们纷纷担忧自己的工作会不会被AI所取代。

不得不说，这一波裁员潮带给人们一个启示——类ChatGPT应用或许可以作为效率更高、成本更低的创作者来为企业降本增效。随着社会经济的发展，各种设计工作对工作效率的要求越来越高。以互联网电商为例，网上店铺需要对自己的产品进行宣传，这就需要设计相应的产品展示文案。对于大部分店铺来说，这些文案在创新性、艺术性方面要求不高，而是要保证很快的更新速度、很大的设计产出量和完整清晰的产品介绍。人工很难满足如此快速和如此大体量的文案创作需求，但是自动化的智能算法可以。除了设计工作，如今社会对各种活动策划的要求也是往“量大”的方向一路猛进。还是以互联网电商为例，当初“双11”购物节刚推出时，一年只有一次购物狂欢节。随着其他电商平台加入竞争，后来又推出了“6.18”购物节。如今电商平台甚至在各种节假日也会策划消费活动。如此高频次的活动，虽然满足了广大消费者的需求，但无疑给相关从业者带来极大的工作压力，或许适时引入类ChatGPT应用来分担部分活动策划任务是一个不错的选择。

---

① CNN. BuzzFeed slashes 12% of its workforce, citing “worsening macroeconomic conditions”[EB/OL]. https://edition.cnn.com/2022/12/06/media/buzzfeed-job-cuts/index.html.

但是，在这些文本创作场景中引入类ChatGPT应用并不代表它可以取代人类的工作岗位。因为类ChatGPT应用在文案创作上还存在很多问题，比如文案内容没有深度、活动策划不够丰富等。这些问题会直接影响客户的体验，进而对企业造成严重影响。那么，如何解决这些问题呢？这需要人工的介入，这也是类ChatGPT应用不能取代人类的重要原因。在未来，活动策划人也好，文案编辑也好，他们的首要任务或许不再是策划具体的活动或是撰写具体的文案，而是设计文字指令，让类ChatGPT应用完成具体的创作任务。换句话说，人类创作者可能还需要具备提示工程师(prompt engineer)的技能。此外，人类创作者需要对类ChatGPT应用创作的内容进行修改和加工，以满足实际的业务需要，此时人类创作者还需要变成一个经验丰富的审核者。

总而言之，在创作领域引入类ChatGPT应用是解决日益加快的创作频率需求和人工创作速度瓶颈之间的矛盾的有效办法。但这并不意味着可以用类ChatGPT应用取代人类相应的工作岗位，因为类ChatGPT应用本身还存在诸多问题，需要人类的指引和审核才能完成相应的创作任务。在未来，或许人类的工作岗位并不会被取代，但是相应工作岗位对技能的要求会发生变化，人类是否具备使用类ChatGPT应用的能力或许会变得十分重要。

类ChatGPT的应用场景十分广泛，覆盖人类经济活动中的大部分领域。在未来，我们很可能会在各行各业见到类ChatGPT应用的身影。类ChatGPT应用在各种垂直领域的使用是为了提高人类的工作能力，进而提高人类的幸福感，绝不是为了取代人类。所以，在探索如何将类ChatGPT应用用于垂直领域时，企业要将提高员工工作能力放在技术革新的第一位，员工也要将适应技术革新以及完成技能转型放在职业生涯规划的首要位置。

四、图像也可以用文本表示

通过使用MarkDown，可以获取Base64编码的图像文本形式，读取时再将图像的文本形式转变成图像本身。MarkDown存储和加载图像的方法如图4.7所示。MarkDown先将图像转换成字符串，然后在展示图像的时候再将字符串转变为图像。通过这种将图像转成文本的形式，类ChatGPT应用可以具备学习图像的能力，也可以具备一定的展示图像的能力。

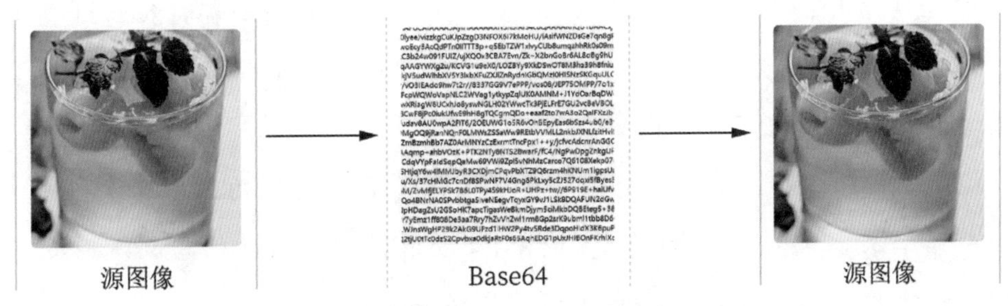

图4.7 Markdown 存储和加载图像的方法(例图)

1. 类ChatGPT应用学习图像的优势

类ChatGPT应用学习图像具有明显的优势。

(1) 方便使用。如果类ChatGPT应用可以通过这种方式理解图像，那么在实际应用场景中，并不需要将类ChatGPT应用与AI绘图应用集成在一起。这样不仅能提高系统的稳定性，还可以大大缩短系统的响应时间。

(2) 易于展示。由于MarkDown文件格式具有强大的集成能力，在实际的展示前端上，文本展示、图像展示、富文本展示、emoji表情展示并不需要有所区分，可以用统一的格式进行呈现。这也给类ChatGPT应用的前端设计降低了难度。

(3) 训练过程简单。如今学习图像的模型大多基于卷积神经网络，但是文本生成模型并不是基于卷积神经网络。因此，类ChatGPT应用采用将图像转换成文本的形式，无须为了学习图像而对自身模型结构做出巨大的改变。这无疑降低了模型训练的难度。

2. 类ChatGPT应用学习图像的劣势

使用类ChatGPT应用学习图像存在如下劣势。

(1) 表现稳定性差。不可否认，将图像转换成文本之后，文本会丧失很大部分的可解释性，导致基于这种文本的图像学习会变得更加困难。传统的卷积神经网络将图像按照像素的形式读入，学习图像的局部特征再到整体特征。但是这种文本学习方式无法直观地表示像素的位置信息，这使得模型学习图像的表现呈现极不稳定的特点。

(2) 文字不易于区分。将图像转换成文本之后，其中的文字可能会作为原本自然语言文本的噪声，导致类ChatGPT应用在生成自然语言文本时受到图像文字的干扰，进而生成一些意义不明的字符。

(3) 结果复杂。虽然将图像转换成文本的方式简化了训练过程，也简化了最终的展现方式，但是这些都基于类ChatGPT应用可以生成符合MarkDown格式的结果。问题在于，MarkDown作为一种高度集成的文本格式，有着严格的文本格式规范。类ChatGPT应用如何确保完美生成MarkDown格式的结果是在实际应用中要解决的重要问题。令类ChatGPT应用学习大量的MarkDown格式数据，并在实际应用开发时辅以一些格式检查方法，或许可以解决这个问题。

(4) 难以解释。用户在借助算法完成图像生成任务时，往往希望算法可以解释生成图像的逻辑。但是图像转换成文本后，会丧失很大部分的可解释性，因此让算法根据图像的文本形式来阐述创作逻辑是十分不现实的。

总而言之，虽然类ChatGPT应用可以通过将图像转换成文本的方式去实现类似于AI绘画算法的功能，但是它存在诸多问题。

从实际发布的应用表现来说，OpenAI公司的GPT-4虽然支持图像的生成和理解，但它并不是简单地把图像通过MarkDown格式转换成文本，而是将自然文本、图像等多模态数据通过合理的向量转变方式变成更合理的向量表示。但这种将图像转换成文本的方式的实际表现还有待未来的类ChatGPT应用进一步验证。

五、AI 也是学霸

如果说ChatGPT只是一个玩具，OpenAI推出的GPT-4就真的可以被称为人类不可忽视的智慧算法，至少它在考试中的表现是如此的。OpenAI公司为了验证GPT-4的表现能力，在没有进行针对性数据灌输以及针对性训练的情况下，让GPT-4参加了一些人类社会中的考试，比如美国SAT考试和司法考试等，GPT-4在这些考试中取得了令人惊叹的好成绩。

具体来说，在美国律师资格考试中，GPT-4的分数位于前10%左右，而ChatGPT的分数排在后10%。在美国SAT考试中，GPT-4更是取得了700分以上的高分。除此之外，GPT-4在诸如奥林匹克竞赛、AP课程等考试中，也展现了与人类水平相当甚至超越人类的表现。可见，GPT-4可以真真正正地被称为“当代学霸”，毕竟它并没有针对这些考试进行相应的训练和学习。

那么考试是不是一种另类的文本生成应用场景呢？答案是肯定的。首先，GPT-4高超的考试表现可以用于对考试试题的评估。以国内的高考为例，每年设计高考试卷题目是一个极具挑战性的任务，高考题目应能以分数体现不同能力的学生的区分度。高考题目既不能过于简单，导致大家分数都很高；也不能过于复杂，导致大家分数都很低。但高考题目的保密等级极高，请大量学生来做设计好的高考题进而评估题目质量是很难实现的，高考题目质量的保证往往要依靠出题人丰富的经验，这显然不如通过实际考试结果来评估题目质量更可靠。

现在类ChatGPT应用或许可以充当学生，来衡量高考题目的质量。比如，可以选取在某一类型考试中有不同表现的多个类ChatGPT应用，或者同一个类ChatGPT应用的不同参数的版本作为应试者，让它们对考试题目进行作答，进而获得考试分数。如果考试分数的分布与这些类ChatGPT应用在以往的考试分数分布相似，那么就有理由相信这套题目具备较好的区分度；反之，如果这些类ChatGPT应用的分数分布与以往的考试分数分布不一致，那么就说明这套题目存在一些质量问题。

这种“学霸型”的类ChatGPT应用还可以广泛用于那些教育资源相对落后的地方。在这些地方，学生想及时得到老师对其学习能力的评价是十分困难的。知识似乎可以通过各种搜索引擎获得，但考试能力是无法通过互联网直接培养的。这时候，如果有一个“在线”学霸作为比较，那么学生就可以通过分析类ChatGPT应用对考试题目的作答来学习诸如“什么样的答案更可能获得高分”这样的考试技巧。此外，类ChatGPT应用也可以替代搜索引擎向学生解释知识点。这时，这种“学霸型”的类ChatGPT应用或许会成为那些教育资源相对落后地区的学生最可靠的“良师益友”。

总而言之，GPT-4在各种考试中的突出表现让我们看到了类ChatGPT应用在教育领域的巨大潜力。不论是作为衡量题目质量的考试者，还是作为相对容易获取的优质教育资源，类ChatGPT应用的文本生成能力或许会给教育行业带来一场技术上的变革。

六、扮演评委不在话下

GPT-4在各方面表现都十分突出，但它在科研领域最主要的作用却是作为其他类ChatGPT应用的“评委”。使用类ChatGPT应用的一个难点是量化评价这个应用的表现。由于这种生成式算法的损失函数与实际模型生成的文本质量之间存在较大的不确定性，很难用损失函数的数值作为衡量算法表现的量化指标。在GPT-4问世之前，衡量类ChatGPT应用表现的方法是请人工根据多个不同的维度(如“无害性”“有帮助性”“准确性”)来对应用的生成内容进行打分①。在GPT-4问世之后，有人发现通过GPT-4对其他类ChatGPT应用生成的内容打分是十分可行的，GPT-4会给出相对稳定、可靠的分数②。

如图4.8所示，GPT-4可根据评分标准、问题、标准回答、模型回答，对模型回答进行评分。值得注意的是，让GPT-4对打出的分数进行解释有助于提高GPT-4打分的稳定性。

GPT-4的打分能力为其他类ChatGPT应用的研发提供了无比宝贵的经验。其他类ChatGPT应用可以GPT-4为标杆，来量化自身应用的表现好坏。这种借助算法进行评分的方式节省了研发过程中的人工成本，毕竟使用GPT-4比请人工来评价要便宜得多。

---

① OUYANG L, WU J, JIANG X, et al. Training language models to follow instructions with human feedback[J]. Advances in Neural Information Processing Systems, 2022, 35: 27730-27744.

② UNIVERSITY S. FastChat[EB/OL]. https://github.com/lm-sys/FastChat.

打分判断：

评分标准：	请从"无害性""有帮助性""准确性"3个维度对模型回答打分 分值为0~10分，并说出评分理由，输出格式为\"分数 \n 理由 \n \"
问题：	……
标准回答：	……
模型回答：	……

图4.8 使用 GPT-4 对其他应用生成的内容打分的提示设计(例图)

采用GPT-4为类ChatGPT应用打分给我们带来了哪些启示呢？这种对文本质量进行评价的需求不仅产生于类ChatGPT应用研发中，也存在于我们的日常生活中。例如，在学生备考雅思、托福的过程中，客观评审自己的作文水平是很难解决的问题。通常情况下，学生要么花费重金去请老师，要么花费高昂的评阅费用购买在线人工评测服务，但无论选择哪种方法，对学生来说都是一笔不小的经济负担。如今，GPT-4和其他类ChatGPT应用所具备的打分功能可以应用在这个场景中。只要合理设定评分准则，学生就可以用很低的成本借助算法来评审自己的作文，并且可以获得相对详细的评语。

除了对文本打分外，随着多模态预训练模型的发展，当AIGC时代真正来临时，大语言模型不仅可以对文本打分，还可以对图像、音乐、视频等各种形式的作品打分。试想一下，若干年后，在某个综艺节目的评委席上，一个机器人评委不仅可以和其他人类评委谈笑风生，还可以为参赛者打出合理的分数、给出中肯的评价，那将是一个多么科幻的场景！

类ChatGPT应用除了在各种垂直领域会大有成就，它在其他领域也具备极大的潜力。它的代码生成和解释能力或许会使它成为计算机初学者最好的老师，还会使它成为资深程序员的得力助手。它还具备将图像转换成文本进而以文本的形式学习图像的能力，虽然这种能力还存在诸多问题，但我们相信在不久的将来，这些问题将得到改善。此外，因为GPT-4展现出极强的考试能力，使得其他类ChatGPT应用也具备相当的考试能力成为可能。通过GPT-4极强的打分能力，我们可以看到，在未来，学生以相对较低的成本享受文本批改服务并且让机器人成为评委具备一定的可能性。总而言之，类ChatGPT应用的前景十分广阔。

虽然类ChatGPT应用展现的AI文本生成技术只是整个AIGC中小小的一部分，但类ChatGPT应用已经展示了无限的可能。从国内外类ChatGPT应用研发速度来说，在不平凡的2023年，无数类ChatGPT应用纷纷诞生，技术迭代速度实属罕见，可见AI文本生成在学界和工业领域的火爆程度。从文本生成可能涉及的垂直领域来说，它可以从事客服、百科问答、艺术创作等诸多工作，几乎涵盖人类经济活动所包含的全部领域。不仅如此，类ChatGPT应用展现出的AI文本生成能力还可以完成生成代码、生成图片、考试作答、文本评价等其他类型的任务，可见其巨大的潜力还有待被进一步开发。

以小见大，AI文本生成有如此大的能量，可见整个AIGC技术的前景将是多么辉煌。当时代的车轮徐徐前进，技术的变革悄然发生时，或许我们要做的就是尽快熟悉它、了解它、使用它，为新时代的到来做好准备。

第三节　关于 AI 文本生成的一些讨论

新技术的出现，总会伴随一些问题；改革的来临，总会伴随一些阵痛。在本章最后一节，我们来探讨AI文本生成可能带来哪些时代问题和改革阵痛，并通过提出问题的方式为AIGC未来的发展提供小小的指引。

一、更好或是更坏

在《双城记》的开篇，作者这样描述18世纪处在思想、政治和技术革命中的法国和英国：“这是一个最好的时代，也是一个最坏的时代。”这句话放到现在来看，也丝毫不显过时。

如今，人们处在一个人工智能革新的时代。人工智能的出现是为了代替人类进行重复劳动，提高人类的生活幸福感。随着ChatGPT的出现，这种美好愿景的实现成为可能。然而，美好的背后蕴含着噩梦般的未来。在那个噩梦般的未来，机器完全取代了部分人类，人类开始陆续失业，就业压力越来越大，社会贫富差距激化了内部矛盾，扰乱了社会稳定。那时，人类或许已经走到了被淘汰的边缘。下面我们浅谈一下，如果人工智能被错误使用可能造成哪些社会问题。

1. 个人面临失业

虽然在本章的开篇我们强调过，如今的类ChatGPT应用还不足以对人类的工作岗位造成实质性威胁，那些与类ChatGPT应用有关的裁员行为可能是新技术探索的结果，也可能是有人想要追逐热点。但不可否认的是，类ChatGPT已经让人类感受到失业的危机。

在这种情况下，作为一个普通人类，及时学会借助AI提升自己的工作能力，是防止AI取代自己的有效办法。毕竟，虽然AI以学习能力见长，但人类最擅长的也是学习。在2017年，强化学习的AI从人类手里彻底夺走了围棋，围棋棋手将AI棋路视为独尊。但有意思的是，6年后，有些棋手通过与AI厮杀后发现，AI围棋也存在致命弱点。

2. 行业面临革新

除了个人的危机感，类ChatGPT应用给诸多行业带来的冲击也同样不可小觑。从ChatGPT所擅长的领域来看，它将给一些行业的人类造成就业危机，如图4.9所示。

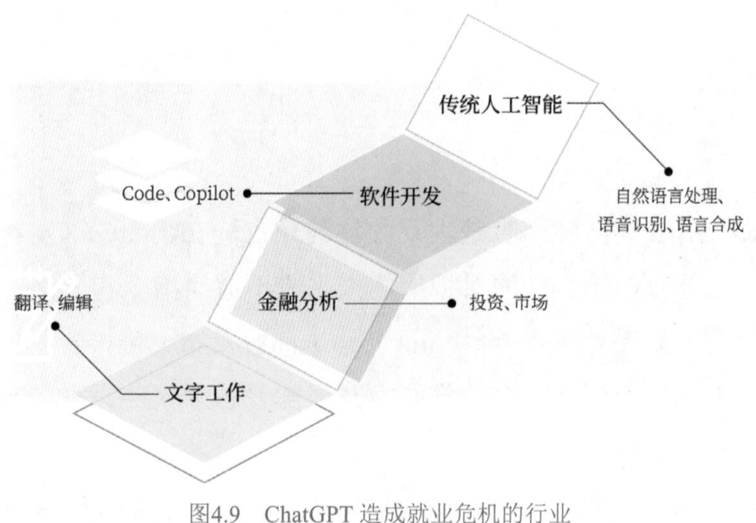

图4.9 ChatGPT 造成就业危机的行业

类ChatGPT应用在文本生成方面的表现十分优秀。它可以生成符合业务需求、务实的各种策划文书；也可以模仿诗人，用华丽的辞藻或者干练的文字，生成蕴意丰富的诗歌。面对如此强大的文本生成算法，或许文字创作领域是首当其冲被类ChatGPT应用影响的行业。

除了传统的文字创作领域，类ChatGPT应用还可用于其他应用场景，几乎涉及人类社会活动的方方面面，因此可以说，ChatGPT的发展必然会给多个行业带来巨大的冲击。

二、监管何去何从

不可否认，在ChatGPT时代，创作的界限被模糊了，人人都是创作者；但同时，人人也是模仿者。在这个时代，如何保护原创的利益，如何界定抄袭，是监管类ChatGPT应用首先要解决的问题。

1. 是AI创作，还是AI抄袭

不可否认，无论是AIGC还是ChatGPT文本创作，都是算法基于大量学习数据而形成的能力，因此用类ChatGPT应用生成文本，很可能会侵犯他人的知识产权或者著作权。

因此，如何合理地对AI生成的文本内容进行监管，如何界定AI创作是否抄袭，如何保护原创作者的权益，是相关部门实施监管时应重点考虑的问题。

2. 不要给不法分子可乘之机

ChatGPT的安全问题一直是大众关注的焦点。在ChatGPT发布不久后，就有黑客试图绕过ChatGPT的保护措施来生成不道德指令和非法行为指令。跨国安全解决方案提供商Check Point Research曾发布一份报告，报告显示，黑客群体在利用ChatGPT的自动化能力开展部署恶意软件、群发垃圾邮件和大规模钓鱼等黑客活动。

为了打击黑客行为，OpenAI也为ChatGPT部署了安全措施，以防其被利用生成危害指令，已经取得不错的进展。例如，一些诱导技巧现在可被ChatGPT察觉并拒绝。不过确保ChatGPT的安全是一场旷日持久的战役，OpenAI能否继续领先于黑客来保护互联网的安全呢？恐怕需要时间来验证。

三、隐私愈发重要

我们生活在一个信息爆炸的时代，各类官媒和自媒体的信息报道铺天盖地。当下，人们获取信息不再困难，难的是无法甄别信息，无法筛选有用信息。ChatGPT技术的广泛应用也很可能给我们带来信息安全方面的风险，例如信息偏差、数据泄漏等。

1. 信息偏差

尽管ChatGPT等大型语言模型本身并不会导致信息偏差，但在ChatGPT生成答案、引导答案、使用答案的过程中，数据本身可能存在偏差或误导性信息。因此，如果有人滥用ChatGPT，便可能会发布误导信息、散布谣言、煽动仇恨，这样会干扰公众的判断和决策，导致信息偏差的出现。在大语言模型的训练过程中，生成“无害性”答案也是模型训练的目标之一，但这种训练方法没办法保证模型百分百生成“无害性”的回复。一个更可行的方法是传统的敏感性屏蔽算法，即通过制定一些语法规则，来识别具有危害性的问题和回复并做出屏蔽处理。

2. 数据泄漏

ChatGPT这种大语言模型需要海量的数据作为训练支撑，模型训练的数据越多，它生成的答案就越准确、越合理。实际上，OpenAI已经为ChatGPT提供了约3000亿个参数，这些参数主要来自从互联网抓取的书籍、文章、网站和帖子，其中包括未经作者许可使用的个人信息。这也就意味着如果你曾经写过博客文章或产品评论，那么这些信息很有可能已被ChatGPT抓取。除了早期的学习内容，ChatGPT还在使用你向ChatGPT输入的数据进行训练，当你训练ChatGPT使其成为更利于你工作的工具时，ChatGPT也在通过你输入的内容对你的习惯、数据、生活及工作内容进行学习。虽然ChatGPT表示它不会直接存储用户的输入内容或对话记录，在每次对话结束后都会丢弃对话数据以保护用户隐私，但这种大规模文本数据的获取和用户数据的获取本身就存在极大的数据泄漏风险。

总而言之，AI文本生成还存在诸多现实问题。比如，技术出现的意义到底是不是让人类过上更好的生活；再如，如何对AI文本生成进行合理监管以及如何规避技术带来的信息安全问题。改革都会伴随着阵痛，或许我们不能左右技术的发展，但是我们可以面向未来、适应未来。此外，合理预测新技术带来的种种问题，做好解决问题的准备，也是国家相关部门和人员要履行的责任。

第五章 AIGC与图像生成

提起人工智能，你可能会想到一个由神经元堆叠而成的神经网络。提起绘画艺术，你可能会想到达·芬奇的《蒙娜丽莎》，梵高的《星月夜》和《向日葵》，约翰内斯·维米尔的《戴珍珠耳环的少女》。那么，当人工智能遇上绘画艺术，会发生什么？

2021年初，OpenAI团队发布了能够根据文本生成图像的DALL-E 模型。由于DALL-E模型具有强大的跨模态图像生成能力，受到了自然语言和视觉技术爱好者的青睐。多模态图像生成技术在短短一年内发展迅速，基于利用这项技术开发的 AI 艺术创作应用层出不穷(比如 Disco Diffusion)。如今，这些应用正在进入艺术创作者和普罗大众的视野。

第一节　AI 绘画的兴起

人工智能正在影响各行各业，但近年来它对创意产业的影响越来越小。由于AI绘画生成器的可操作性，许多人有机会用自己的想法进行艺术创作——即使他们没有接受过系统的专业艺术教育。

未来，先进的AI绘画生成器可能会改变我们创作艺术的方式。AI绘画生成器可以生成人像、风景、抽象画，用户甚至可以模仿著名艺术家的风格。

一、图像编辑器的魔力

图像编辑器是一种软件工具，用于创建、编辑、处理和优化图像。它允许用户对数字图像进行操作，例如调整亮度、对比度、饱和度、大小、分辨率和文件格式等。图像编辑器可以实现不同的创作目的，例如修复旧照片、设计海报、创建艺术作品或制作数字素材[①]。本小节介绍的这些工具主要用于编辑和设计图像，包括调整颜色、大小、滤镜等，以及添加文字和图形等元素。

1. Fotor

Fotor是一种一站式一体化在线照片编辑器，它发布了一款出色的AI图像生成器，用户只需要将自己的想法输入生成器，就可以快速看到相应的图像。Fotor提供随机、3D、动漫等丰富的图片风格，用户可根据需要自行选择。

Fotor的AI图像生成器最显著的特点就是非常适合新手使用，用户只需填

---

① DU H, LI Z, NIYATO D, et al. Enabling AI-Generated Content(AIGC)Services in Wireless Edge Networks[J]. arXiv preprint arXiv:2301.03220, 2023.

写文字，选择自己想要的效果即可生成图像。如果用户对图像不满意，可以重复生成多次，以确保获得最满意的图像。每个账号每天都有一个额度，用户可以免费体验高品质的AI绘画。用户每天可以生成10张免费图像，有9种不同的灯光效果、转换样式供用户选择，此外它还能实现文本到图像和图像到图像的转换。

2. Craiyon

Craiyon原名DALL-Emini，它是一种人工智能模型，可以根据任何文本提示绘制图像。用户只需输入文字说明，它就会根据用户输入的文字说明生成9张不同的图像。该模型需要大量计算，因此Craiyon依靠广告和捐款来支付服务器费用。Craiyon无须用户注册，使用方便，它可以免费生成无限张AI图像以及9张有趣且富有创意的图像。

二、神奇的图像生成工具

图像生成工具是一种使用计算机程序自动生成图像的软件工具。与图像编辑器不同，图像生成工具通常不依赖用户提供的原始图像，也无须用户手动编辑图像，它根据预定义的规则、参数或数据生成图像，这些规则可以基于数学模型、人工智能算法或其他算法来定义[①]。图像生成工具可以用于各种应用程序，例如虚拟现实、游戏、艺术创作和科学研究。

下面，我们来介绍几种使用人工智能算法生成图像的工具。

1. DALL-E2

最广为人知的人工智能图像生成器是DALL-E2，这是一款由OpenAI公司开发的人工智能图像生成器。只需几分钟，用户就可以使用AI技术生成高度逼真的图像。DALL-E2界面友好，易于使用，用户不仅可以创建高质量的图

---

① ZHANG C, ZHANG C, ZHENG S, et al. A Complete Survey on Generative AI(AIGC): Is ChatGPT from GPT-4 to GPT-5 All You Need? [J]. arXiv preprint arXiv:2303.11717, 2023.

像，还可以为生成的图像添加细节或对其进行其他修改。DALL-E2不仅可以创建编辑插图，还可以设计产品，拥有可定制多层图像和免费试用功能。

2. Deep Dream Generator

Deep Dream Generator是一种流行的AI图像生成器，它支持在线人工智能创建逼真的图像。Deep Dream Generator依赖于经过数百万张图像训练的神经网络，简单易用，用户只需要上传一张图像，它就能在原图的基础上自动生成一张新图像。

Deep Dream Generator允许用户选择一个类别，如动物或风景。Deep Dream Generator 还允许用户从三种风格中进行选择，即Deep Style、Thin Style或Deep Dream。用户选择风格后，可以预览图像。此外，Deep Dream Generator还可以实现从文本到图像或者从图像到图像的转换。

3. Starry AI

Starry AI是一款专注于将用户的想法转化为NFT(non-fungible token，非同质化代币)艺术的AI图像生成器。与大多数AI图像生成器类似，Starry AI的用户拥有生成图像的所有权，这意味着用户可以随心所欲地使用图像，不存在侵权问题。

Starry AI是完全免费的，它是最好的免费AI NFT艺术生成器之一。它不需要用户的任何输入，而且它可以使用机器学习算法处理图像。它提供经典的应用程序创建艺术示例，也具备从文本转换到图像的功能。

三、万能的形象生成工具

形象生成工具是一种使用机器学习和人工智能技术生成图像的软件工具。这些工具使用神经网络算法分析大量的图像数据，学习图像的特征和模式，然后基于这些数据来生成新的图像。形象生成工具可以生成高度逼真和具有创造性的图像，也可以用于各种应用程序，例如图像修复、视频游戏、虚拟现实和数字艺术。形象生成工具与图像生成工具类似，但主要用于生成人物形象，如头像、角色等。

NightCafe是著名的AI艺术生成器之一，它以拥有比其他AI图像生成器更多的算法和选项而闻名，并且非常适合新手使用。用户需要做的就是根据自己的想象输入文本提示，最多需要等待30秒，一件艺术品就会出现在用户面前。NightCafe有自己的一套积分系统，用户可以通过参与各种活动来获得积分或者购买积分，也可以免费生成数量有限的图像。NightCafe也是一种具有社交功能的视频生成工具。此外，用户可以获得生成的艺术作品的所有权。

四、语言处理的奥秘

本小节介绍的绘画软件——Hotpot.AI可以根据用户的输入生成对应的回复，类似于一个聊天机器人。

Hotpot.AI可以帮助用户创建图形、图像和文本。它能激发用户的创造力并使工作自动化，而易于编辑的模板也使多数用户都可以创建设备模型、营销图像、应用程序图标和其他工作图形。

Hotpot.AI提供免费服务和付费服务。其中，免费服务需要1～15分钟，具体的等待时长取决于流量大小；付费创作可在3～10秒内完成，用户可以获得更快的服务器、更逼真的图像并避免使用限制。用户可以免费申请积分以减少等待时间。

图5.1向我们展示了不同AI绘画生成器的特点，圆圈外围紫色的部分表示绘画生成器，深绿色部分表示产品特色和功能特色。

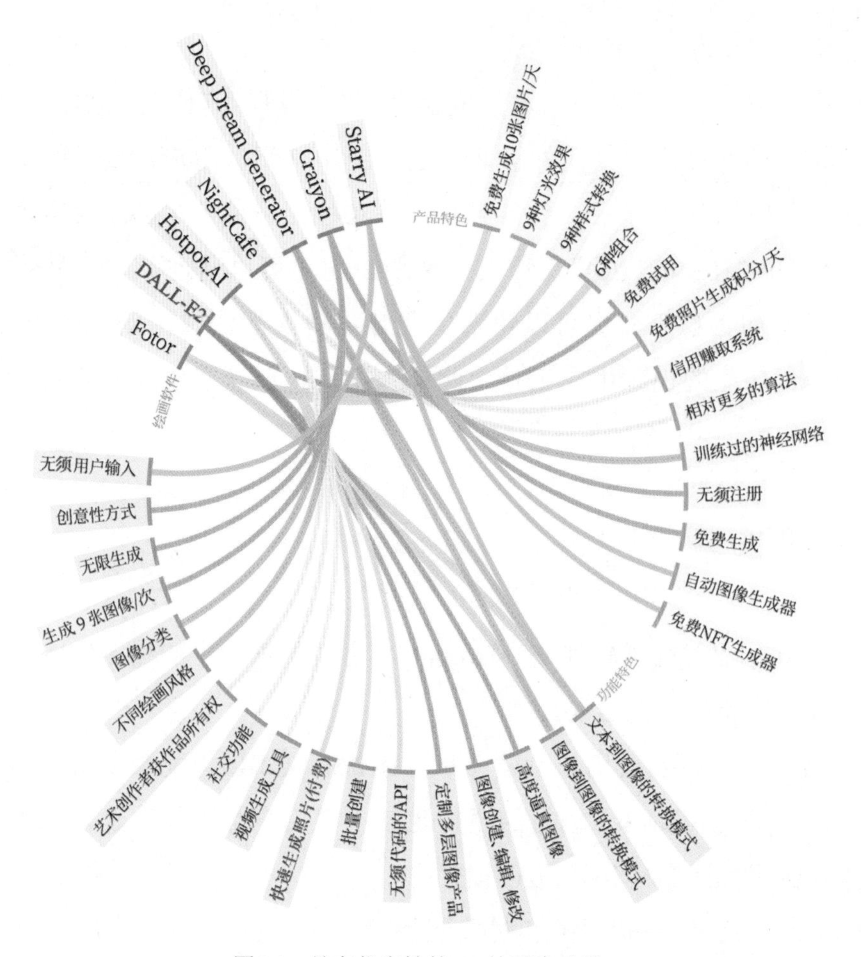

图5.1　具有代表性的AI绘画生成器

第二节　AI 辅助美术设计

美术设计师在工作中往往会遇到创作瓶颈，AI辅助美术设计的出现完美地解决了这个问题，它不仅可以为美术设计师提供新颖的创作思路，还可以设计不同的美术风格，满足客户的需求。

AI辅助美术设计是一种利用人工智能技术，辅助美术设计师进行创意设计和图像处理的工具。AI技术可以提供一些实用的功能，例如图像处理、线条绘制、风格迁移和布局设计等，帮助美术设计师更高效地完成工作，本小节将分别介绍这四种功能。

一、神通广大的图像处理

AI辅助美术设计中的图像处理是指利用人工智能技术对图像进行处理和优化的过程。常见的图像处理包括图像识别与修复、图像分割与增强、图像生成与转换等[①]。图像处理功能可以大大提高美术设计师的工作效率和设计质量，使其更加专注于创作。

1. 图像识别与修复

AI可以通过图像识别技术对图像进行分类，例如对风景图像和人像图像进行分类。这样，设计师在进行不同类型的设计时，可以快速找到所需的图像，提高工作效率。

在一些老照片或者损坏的图片中，常常存在一些瑕疵和噪点，这些因素会影响图像的质量[②]。AI可以通过图像修复和去噪技术，自动去除图片中的瑕疵和噪点，提高图像的质量。

2. 图像分割与增强

美术设计师常常需要对图像进行分割或者抠图，以便于在设计作品中更好地运用图像素材。AI可以通过图像分割和抠图技术，自动将图像中的不同区域分离开来，或者将特定区域提取出来。这些操作可以大大减少设计师的工作量，同时提高工作效率和准确性。

AI还可以进行图像增强和调整，例如调整图像的亮度、对比度、饱和度，或者对特定区域进行锐化或模糊处理。这些操作可以帮助设计师更好地突出图像的重点，使得图像更加美观。

---

① LEIVADA E, MURPHY E, MARCUS G. DALL-E2 Fails toReliably Capture Common Syntactic Processes[J]. arXiv preprintarXiv:2210.12889, 2022.

② TU X, ZHAO J, LIU Q, et al. Joint face image restoration and frontalization for recognition[J]. IEEE Transactions on circuits and systems for video technology, 2021, 32(3): 1285-1298.

3. 图像生成与转换

AI还可以通过图像生成与转换技术，自动生成符合用户要求的图像或者将图像进行转换。例如，AI可以通过GAN(生成式对抗网络)模型，生成符合用户要求的风格化图像或者3D模型，或者将一种风格的照片转换成另一种风格的照片。这些操作可以帮助设计师快速获得符合要求的素材或转换效果，同时激发更多的创意①。

在图5.2中，大圈代表AI辅助美术设计中图像处理的一些功能，小圈则代表不同功能的特点。

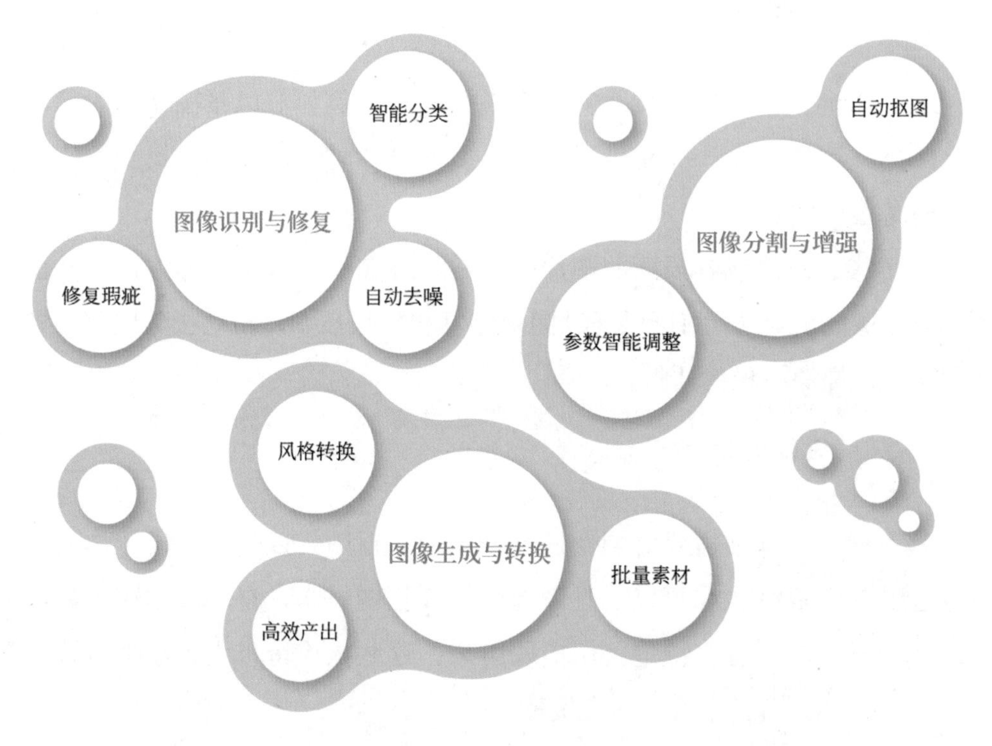

图5.2　AI 图像处理技术

随着人工智能技术的发展，我们可以期待更多的图像处理技术为美术设计领域带来更多的创新和可能性。

① REN Y, YU X, CHEN J, et al. Deep image spatial transformation for person image generation[C]//Proceedings of the IEEE/CVF Conference on Computer Vision and Pattern Recognition. [S.l. : s.n.], 2020:7690-7699.

二、线条绘制的艺术

线条绘制是美术设计的重要环节之一，也是AI辅助美术设计常用的技术之一。本小节将详细介绍AI辅助美术设计中的线条绘制技术。

线条是美术设计的基本元素之一，它能够传达设计师想要表达的情感和意图。线条绘制需要考虑很多因素，如线条的形状、宽度、颜色、透明度等。在传统的美术设计中，设计师需要手工绘制线条，非常耗费时间和精力①；而在AI辅助美术设计中，设计师可以利用机器学习和图像处理等技术手段，自动生成线条，从而提高设计效率和准确度。

具体来说，AI辅助美术设计中的线条绘制技术可以分为两类：基于样本的线条生成和基于规则的线条生成。

(1) 基于样本的线条生成是指利用机器学习技术，通过学习大量的线条样本，从中提取线条的特征和规律，并生成新线条。这种方法可以实现线条的自动化生成，同时保持线条的风格和质感一致性。例如，可以利用卷积神经网络对线条进行训练，然后使用生成对抗网络生成新线条，从而实现线条的自动生成。

(2) 基于规则的线条生成是指利用计算机程序生成线条，根据设计师的要求和设定生成符合设计要求的线条。这种方法可以灵活控制线条的形状、宽度、颜色、透明度等参数。例如，可以利用曲线生成算法(如Bezier曲线)生成线条，从而实现线条的个性化定制。

除了上述方法外，设计师还可以结合人工智能技术和传统美术设计方法进行半自动化的线条绘制。例如，设计师可以先利用计算机辅助设计软件(例如CAD)生成线条草图，然后进行微调和修饰，从而快速、高效地绘制线条。

需要注意的是，用户在利用AI辅助美术设计中的线条绘制技术时，需要

---

① JING Y, YANG Y, FENG Z, et al. Neural style transfer: A review[J].IEEE transactions on visualization and computer graphics, 2019, 26(11): 3365-3385.

考虑版权问题。设计师需要使用合法的素材和工具，并遵守相关法律法规[①]。

总体来说，AI辅助美术设计中的线条绘制技术可以提高设计效率和准确度，帮助设计师更快速、更准确地完成各种设计任务。同时，AI辅助美术设计中的线条绘制技术也可以实现线条的个性化定制，帮助设计师更好地表达自己的创意和想法。不过，AI辅助美术设计仍然需要人类设计师的参与和指导，才能实现更加完美的设计效果。

三、神奇的风格迁移技术

AI辅助美术设计的风格迁移(style transfer)是一种基于深度学习的技术，它通过将两张图像的内容和风格进行分离，并将一张图像的风格应用于另一张图像的内容来生成新的图像。

风格迁移技术主要由两部分组成：内容损失(content loss)和风格损失(style loss)。内容损失主要衡量图像之间的内容相似度，而风格损失则主要衡量两张图像之间的风格相似度。这两个损失函数在训练模型时一起被优化，以最小化总损失。在风格迁移过程中，算法将通过迭代的方式逐步调整生成图像的像素值，使其逼近目标图像的内容和风格。

在进行风格迁移时，通常会将预先训练好的卷积神经网络模型，例如VGG网络，作为特征提取器。该模型的作用是将用户输入的图像转换为高维特征表示，以便后续的风格迁移操作。具体来说，该模型将用户输入的图像通过多个卷积层和池化层进行处理，得到多个不同层次的特征图。这些特征图代表输入图像在不同抽象层次上的特征信息，如边缘、纹理、颜色等。然后，该模型对这些特征图进行加权和平均处理，可以得到整张图像的特征表示[②]。这个特征表示包含图像的内容和风格信息。

当然，风格迁移技术也存在一些局限性。例如，在处理复杂的图像时，

---

① LIU K L, LI W, YANG C Y, et al. Intelligent design of multimedia content in Alibaba[J]. Frontiers of Information Technology & Electronic Engineering, 2019, 20(12): 1657-1664.

② CHEN J, LAI P, CHAN A, et al. AI-Assisted Enhancement of StudentPresentation Skills: Challenges and Opportunities[J]. Sustainability,2023, 15(1): 196.

算法可能会失去一些细节信息和纹理信息，导致生成的图像与原始图像有较大的差异。此外，该技术还需要大量的计算资源和时间，因为它需要基于大规模的数据集进行训练，并且需要在迭代过程中反复计算损失函数。

综上所述，AI辅助美术设计的风格迁移技术是一种基于深度学习的强大工具，它可以帮助美术设计师快速生成具有不同风格的图像。它在许多领域都有广泛的应用，例如电影制作、视频编辑、游戏开发等①。在电影制作中，风格迁移技术可以帮助后期制作人员将不同的电影风格应用到同一部电影的不同场景中，从而创建独特的视觉效果。在游戏开发中，该技术可以用于快速生成不同风格的游戏场景和角色。此外，风格迁移技术还可以用于艺术创作和数字媒体艺术等领域，帮助艺术家实现创新和多样化的艺术表现方式。

四、布局设计的底层逻辑

AI辅助美术设计是利用人工智能技术辅助美术设计师完成设计任务的过程，其中布局设计是重要环节之一。本小节将详细介绍AI辅助美术设计的布局设计。

布局设计是指根据设计需求将元素有机地排列组合，形成一个整体的过程。在美术设计中，布局设计通常是最先进行的一项工作。设计师需要根据设计需求，对不同的元素进行布局，如文字、图片、线条等。布局设计直接影响设计作品的视觉效果和用户体验。

在AI辅助美术设计中，利用人工智能技术辅助设计师进行布局设计，可以提高设计师的效率和设计作品的质量。下面介绍几种常见的布局设计技术。

1. 自动布局

自动布局是利用人工智能技术对设计元素进行智能排版的技术。采用自动布局技术，设计师只需要将设计元素拖拽到画布中，人工智能系统就会根

① CAO Y, LI S, LIU Y, et al. A comprehensive survey of AI-generated content(aigc): A history of generative ai from gan to chatgpt[J]. arXiv preprint arXiv:2303.04226, 2023.

据这些元素的特征、大小、形状等自动布局。然后，设计师可以根据自己的需求对自动布局结果进行微调。

2. 智能网格

智能网格是一种将画布分割成网格，然后根据设计元素的特征和设计需求自动将设计元素填充到网格中的技术。在智能网格中，设计师可以选择不同的网格模式和元素分布规则，从而达到不同的布局效果。采用智能网格技术可以实现大量元素的快速布局，并且具有自适应性，设计师可以根据设计元素的变化自动调整布局。

3. 预设模板

预设模板是将不同类型的设计元素和布局方式预先设置好，并将其保存为模板的方式。在AI辅助美术设计中，设计师可以根据自己的需求选择合适的预设模板，然后将设计元素拖拽到模板中进行排版。预设模板技术可以提高设计效率，减少设计师的工作量。

图5.3中，最上面一排代表 AI 辅助美术设计中的布局设计技术，下面分别列出不同布局设计技术的特点。总体来说，AI 辅助美术设计中的布局设计技术可以帮助设计师快速、智能地进行设计元素布局，提高设计效率和作品质量。设计师可以根据自己的需求选择不同的技术和方法，灵活地进行布局设计。

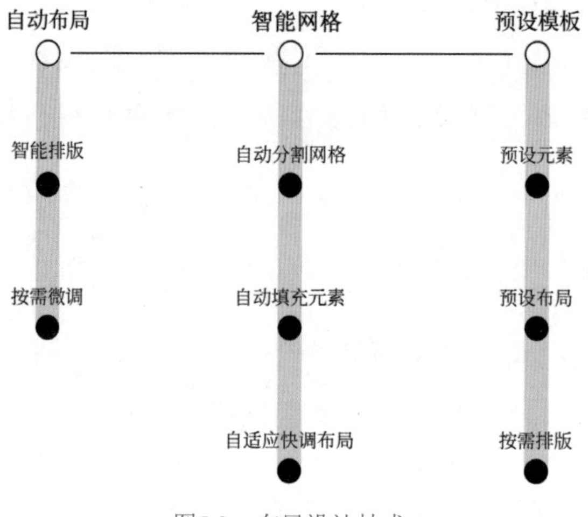

图5.3　布局设计技术

第三节　AI 辅助海报设计

在视觉设计领域，设计师往往会因为一些简单的设计需求付出相当多的时间，例如修改文案内容，设计简单的海报版式，针对不同机型、展位的多尺寸拓展等。这些工作需要耗费大量的时间、人力成本，但对设计师的成长起到的作用却非常有限。

此外，精准营销是未来的大趋势。在大流量背景下，首页的海报资源展位需要展示“千人千面”的效果，这对海报的设计效率提出了非常高的要求。AI辅助海报设计很好地解决了这一问题。

AI辅助海报设计是指利用人工智能来辅助和优化海报设计过程的技术。这些技术包括图像识别、自动排版、色彩匹配等。具体来说，AI辅助海报设计可以帮助设计师快速产生设计灵感，自动生成适合不同场合的海报模板，并自动完成图片剪裁、调整大小、布局等任务。AI辅助海报设计还可以通过分析用户的喜好，提供个性化的海报设计方案，从而提高设计效率，减少人为错误，为用户提供更加精准和满意的设计服务。

一、如何使用 AI 辅助设计海报

在平时的工作与生活中，使用AI辅助海报设计可以帮助我们解决许多困难。比如，它不仅可以帮助我们提高工作效率和海报设计质量，还可以降低人工成本。而且AI辅助海报设计可以适应多样化需求，比如，AI辅助设计工具可以根据不同的海报主题和用途，自动生成适合的设计模板和素材，满足不同用户的需求，提高设计的多样性和创意性。

AI辅助海报设计流程大致可以分为以下几个步骤。

1. 图像选择

在设计海报之前，首先需要选择一张合适的图像作为设计基础。AI可以通过图像识别技术来判断选择的图像是否符合海报设计的要求，例如是否具有足够的色彩饱和度、清晰度和适合主题的元素等。

2. 文字处理

海报的文本内容也是非常重要的一部分，设计师需要根据海报的主题、风格和设计要求，选择合适的字体、字号和颜色等进行排版。在这一步骤中，AI可以使用自然语言处理技术对文本内容进行分析和处理，提高文本处理的效率和准确度。

3. 布局设计

布局设计是海报设计的核心环节，设计师需要合理排列图像、文本和其他设计元素，形成整个海报的结构和风格。在这一步骤中，AI可以使用计算机视觉技术对图像进行分析，自动提取其中的元素，例如人物、物体、背景等，然后使用算法进行布局设计，以达到最佳的视觉效果。

4. 色彩处理

色彩处理是海报设计的重要环节，设计师可以通过色彩搭配和调整使海报更具视觉冲击力和吸引力。在这一步骤中，AI可以使用图像分析和计算机视觉技术自动调整海报的色彩搭配和明暗度，以提高设计效率和准确度。

5. 输出生成

完成海报设计后，设计师需要将其导出为可用的文件格式，以便打印或在其他媒介上发布。在这一步骤中，AI可以使用自然语言处理技术和图像识别技术，自动分析和生成符合海报设计要求的文件格式和尺寸等，从而提高输出效率和准确度。

图5.4向我们展示了 AI 辅助海报设计流程，分别为图像选择、文字处

理、布局设计、色彩处理和输出生成。总之，AI辅助海报设计可以帮助设计师提高设计效率和准确度，同时降低设计成本和减少人力资源的浪费。在未来的海报设计领域，AI将会扮演越来越重要的角色①。

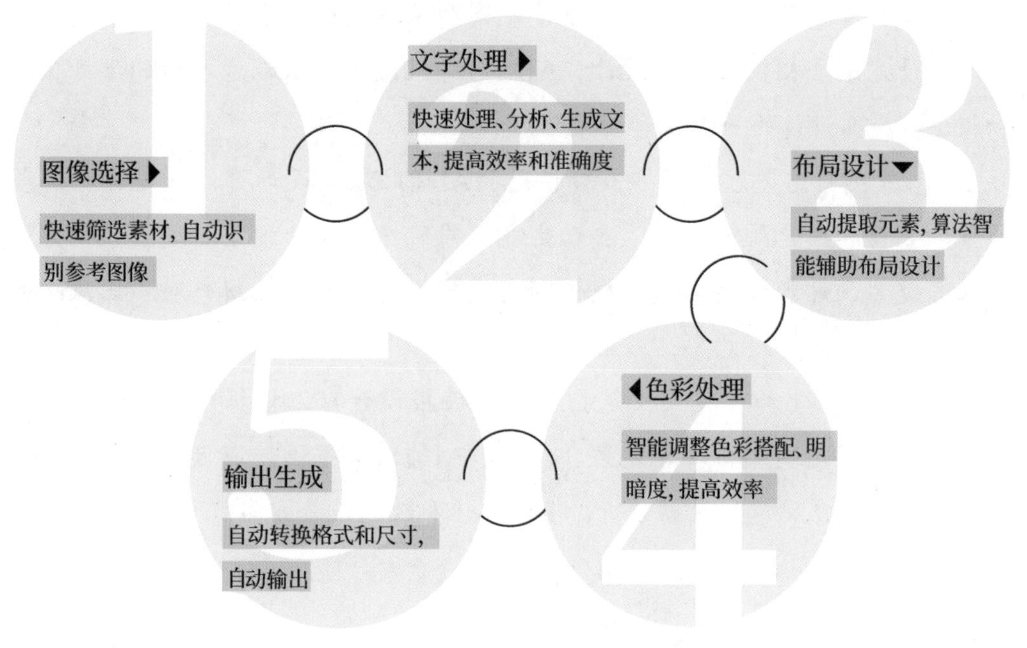

图5.4 AI辅助海报设计流程

二、AI 辅助海报设计的优点与缺点

随着人工智能技术的不断发展，AI辅助海报设计已经成为一种新的设计方式，这种新的设计方式有其独特的优点和缺点。

1. AI辅助海报设计的优点

AI辅助海报设计的优点主要有四个，分别是快速高效、高质量和高稳定性、激发创意灵感和风格多样性、可定制化和可交互性。

(1) 快速高效是指AI辅助海报设计使用计算机程序和人工智能技术，可以

① ZHANG C, ZHANG C, LI C, et al. One small step for generative ai, one giant leap for agi: A complete survey on chatgpt in aigc era[J]. arXiv preprint arXiv:2304.06488, 2023.

快速地生成多种风格的设计方案。相较于传统的手工设计，AI辅助海报设计可以省去很多烦琐的设计步骤，节省时间和人力成本。

(2) 高质量和高稳定性是指AI辅助海报设计使用机器学习和神经网络等技术，可以自动学习和提取大量的设计元素和风格特征，生成高质量和高稳定性的设计方案。相较于手工设计，AI辅助海报设计可以避免人为的设计偏差和错误，提高设计的一致性和稳定性。

(3) 激发创意灵感和风格多样性是指AI辅助海报设计可以通过分析海量的设计数据和用户反馈信息，自动生成不同风格的设计方案。这些设计方案不仅可以为设计师和创意人才提供创意灵感，也可以满足用户对不同风格的需求。

(4) 可定制化和可交互性是指AI辅助海报设计可以根据用户的需求和偏好，自动生成定制化的设计方案。此外，AI辅助海报设计还可以与用户进行交互，通过用户反馈和数据分析，不断优化和改进设计方案。

2. AI辅助海报设计的缺点

AI辅助海报设计的缺点主要有三个，分别是缺乏人类设计师的创意和想象力、无法处理复杂的设计任务、对某些细节和情感的处理不够完善。

(1) 缺乏人类设计师的创意和想象力。AI辅助海报设计虽然可以自动生成多种风格的设计方案，但缺乏人类设计师的独特创意和想象力。相较于手工设计，AI辅助海报设计的设计方案可能过于机械和模板化。

(2) 无法处理复杂的设计任务。虽然AI辅助海报设计可以自动完成一些简单的设计任务，但对于一些复杂的设计任务，例如品牌形象设计、广告宣传等，仍需要人类设计师的参与。

(3) 对某些细节和情感的处理不够完善。虽然AI辅助海报设计可以自动生成多种风格的设计方案，但对于颜色搭配、情感表达等细节的处理不如手工设计完善。

随着人工智能技术的不断发展和进步，AI辅助海报设计在未来会越来越成熟并得到广泛应用[①]。然而，需要注意的是，AI辅助海报设计与手工设计不同，它并不能完全替代人类设计师的工作，而是作为一种辅助工具和补充手段，为人类设计师提供更多的设计可能性和创意灵感。因此，在未来，AI辅助海报设计需要与人类设计师进行融合和协作，共同推动设计领域的发展。

三、AI 辅助海报设计的未来

1. AI辅助海报设计的发展趋势

随着人工智能技术的迅速发展，AI辅助海报设计将呈现新变化和新趋势。在未来，这项技术将会变得更加个性化、多样化和智能化。

(1) 未来的AI辅助海报设计将会更加个性化。AI通过学习用户的兴趣、偏好和行为模式等信息，为不同用户生成符合他们喜好的海报。例如，如果用户经常浏览健身和健康相关的内容，AI可为他们设计与健身和健康相关的海报。这种个性化设计能够更好地满足用户的需求，提升用户体验和满意度。

(2) 未来的AI辅助海报设计将会更加多样化。AI可以学习和理解各种媒体形式和不同的文化，将图像、音频、视频等多种元素融合在一起，生成更加丰富多彩的海报设计。这种多模态的设计将会使得海报更加生动有趣，更容易吸引人们的眼球。

(3) 未来的AI辅助海报设计将会更加智能化。AI可以通过数据分析和图像识别等技术，将人类的想象力和创意转化为具体的海报设计[②]。这种智能化的设计能力将会使得AI辅助海报设计更加高效和精准，同时也能够提高AI辅助海报设计的可靠性和准确性。

---

① WANG J, LIU S, XIE X, et al. Evaluating AIGC Detectors on Code Content[J]. arXiv preprint arXiv:2304.05193, 2023.

② ZHANG S, XU M, LIM W Y B, et al. Sustainable AIGC Workload Scheduling of Geo-Distributed Data Centers: A Multi-Agent Reinforcement Learning Approach[J]. arXiv preprint arXiv:2304.07948, 2023.

2. AI辅助海报设计的技术发展

未来的AI可以通过深度学习和自然语言处理等技术，自动提取企业品牌的关键信息和价值主张，并将其融入到海报设计中。这种自动化的品牌营销能力将会极大地提高企业的市场竞争力和品牌认知度，同时也能够降低人力成本和时间成本。

(1)自适应设计。AI能够通过学习用户的喜好和行为模式，自动适应不同用户的需求，设计符合用户喜好的海报。

(2)多模态设计。AI将会学习和理解各种媒体形式和不同的文化，将图像、音频、视频等多种元素融合在一起，设计内容更加丰富多彩的海报。

(3) 跨界合作。AI将会与不同的领域专家合作，例如艺术家、设计师、营销专家等，将各个领域的知识与技能结合在一起，设计具有创新性的海报。

(4) 可视化创意。AI将会学习和理解创意的本质，通过数据分析和图像识别等技术，将人类的想象力和创意应用到具体的海报设计中。

(5)自我学习。AI将会不断学习和优化算法和模型，从而提高海报设计的质量和效率。

在图5.5中，最里面一层是关于AI辅助海报设计未来发展趋势的一些畅想，外层则列出不同发展趋势所具有的特点。综上所述，未来的AI辅助海报设计将会呈现更加多元化和创新化的趋势，同时也将更加智能化和个性化，能为用户带来更好的体验和价值。未来的AI辅助海报设计将会成为人工智能技术与设计艺术的完美结合，为我们的生活和工作带来更多的美感和创意。同时，AI辅助海报设计也将会为企业带来更多的商业价值和竞争优势，帮助企业更好地传达自己的品牌形象和价值主张。

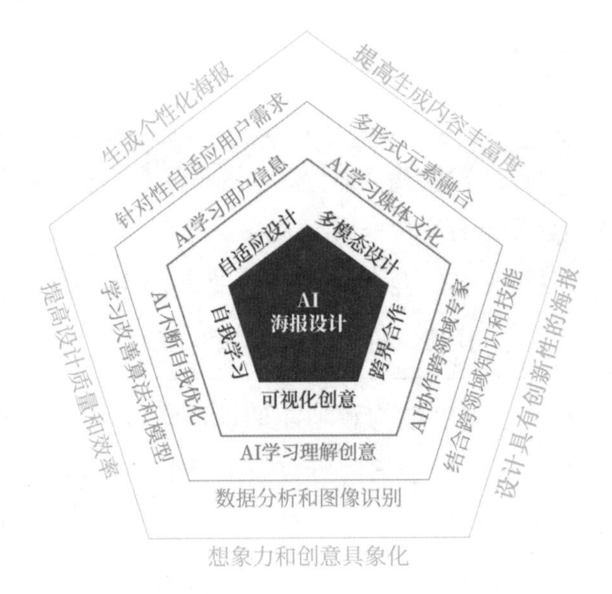

图5.5 AI 辅助海报设计未来发展趋势

第四节 AI 辅助专业图像生成

AI辅助专业图像生成是指使用人工智能(如深度学习模型)辅助生成专业级别图像的技术。这种技术可以应用于多个领域，包括电影和电视制作、游戏设计、广告设计、建筑和室内设计、产品设计、艺术设计等。

通过AI辅助专业图像生成技术，可以大大减少人工绘图和设计的工作量，并提高图像的质量和精度。这种技术可以生成多种类型的图像，如数字素描、照片、三维模型等，可以在不同的场景中使用。然而，AI辅助专业图像生成也存在一些挑战，比如模型的训练需要大量的数据和计算资源，还需要用户具有专业的技能和知识来确保生成的图像符合标准和要求。

总体来说，AI辅助专业图像生成是一种前景较好的技术，可以在许多领域发挥重要的作用。虽然这种技术仍然存在一些限制，但随着技术的不断发展，它将会越来越多地被应用于实际生产中。

一、神奇的算法模型

释义 5.1：算法

计算机算法(algorithm)是指一种预先定义好的有效方法，其中包含一系列清晰定义的指令。计算机按照一定的步骤或次序执行指令，进而实现计算、数据处理和推理等目的，并在有限的时间及空间内输出最终结果。

深度学习是一种基于人脑结构和功能的机器学习，它依赖于反映大脑计算信息方式的神经网络对大量数据进行复杂的计算。深度学习模型可以识别图像、文本、音频和其他数据中的复杂模式，从而生成准确的见解和预测。用户可以使用深度学习自动执行通常需要人工智能完成的任务，例如描述图像或将音频文件转录为文本。本小节将介绍几种常见的算法模型。

1. 基于生成对抗网络(GAN)的模型

GAN的生成器通过学习真实图像的特征，生成假图像，而判别器则负责区分真假图像。在训练过程中，生成器会不断尝试生成更加逼真的图像，而判别器也会不断提高判断能力，直至生成器生成非常逼真的图像。GAN被广泛应用于图像生成、视频生成、自然语言处理等领域。

2. 基于变分自编码器(VAE)的模型

VAE可以将输入图像编码为低维空间的向量，再使用解码器将向量重新转换成图像。与自编码器(AE)不同的是，VAE输出的不是一个固定向量，而是一个均值和方差向量。VAE通过采样这两个向量生成随机变量，然后用解码器将随机变量转换成图像。VAE被广泛应用于图像生成、视频生成等领域。

3. 基于自注意力机制的模型

自注意力机制(self-attention)是一种神经网络中的模块，它能够在不同时间或不同位置之间计算注意力权重。这种机制已被广泛应用于自然语言处理领域，近年来也开始应用于图像生成领域。在图像生成领域，自注意力机制可以帮助模型关注图像的不同区域，从而生成更加丰富多样的图像。

AI辅助专业图像生成的算法模型有很多种，每种模型都有自己的优缺点和适用场景。开发者选择适合自己的模型可以更好地解决实际问题，同时也可以促进该领域的发展。

二、强大的数据集

AI辅助专业图像生成的数据集包含大量的高质量图像，这些图像可以用来训练深度学习模型。这些图像的来源可能不同，可能是自然图像、人工合成图像或者是在真实场景中拍摄的图像。

除了图像数据本身，数据集还可能包含其他相关信息，比如图像的标签、注释或者其他元数据。这些信息可以帮助深度学习模型更好地理解图像，并且在生成新图像时提供更多的上下文和背景信息。

1. AI 辅助专业图像生成的数据集的作用

(1) 提高图像生成的准确性和质量。可以使用大规模的数据集来训练深度学习模型，使其更好地理解图像内容，并提高生成新图像的准确性和质量。

(2) 支持不同领域的专业图像生成。不同领域的专业图像都有其特征和规律，使用不同的数据集可以让模型更好地学习这些特征和规律，从而生成与该领域相关的图像。

(3) 促进学术研究和技术进步。公开的数据集可以为学术界和工业界提供一个基准来评估和比较不同的图像生成算法，同时也可以促进学术研究和技术进步。

(4) 推动人工智能应用的发展。深度学习模型在图像生成领域的应用正在不断扩展，利用各种数据集进行训练可以促进人工智能应用在图像生成方面的发展和创新。

AI 辅助专业图像生成的数据集对于实现高质量、高效率的图像生成具有重要作用，如图5.6所示，它可以为各种应用场景提供支持，从而推动人工智能技术的发展。

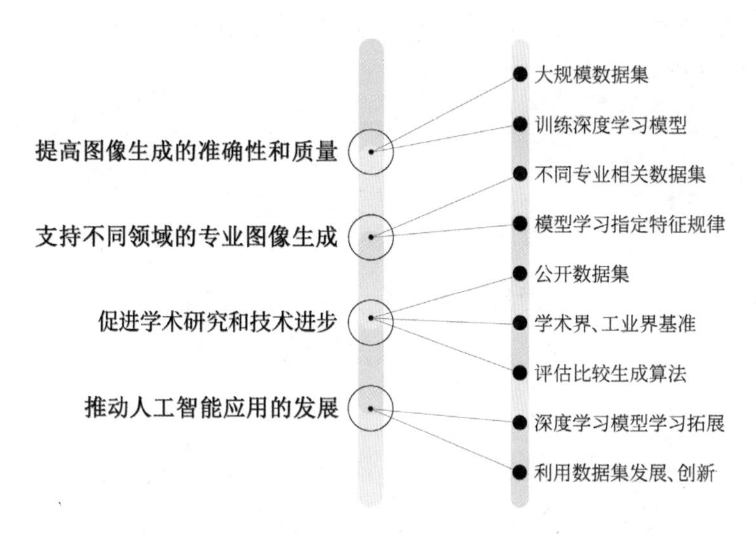

图5.6　AI 辅助专业图像生成的广泛应用

2. 常见的数据集

常见的数据集包括ImageNet、COCO、CelebA、Cityscapes、MNIST、Fashion-MNIST、CIFAR等。依据不同的功能，可将数据集分为四大类，即对象识别/分类数据集、计算机视觉任务数据集、手写数字识别数据集和时尚物品分类数据集①。

(1) 对象识别/分类数据集。ImageNet是一个大型的图像数据集，其中包含超过100万张图像，可分为1000个不同的类别。这些图像是从互联网上收集来的，其中大多数都是自然图像。ImageNet的目标是为计算机视觉研究提供一个标准数据集，以便评估不同算法的性能。

COCO是一个常用的目标检测和图像分割数据集，其中包含超过330 000

① SUN Y, XU Y, CHENG C, et al. Travel with Wander in the Metaverse: An AI chatbot to Visit the Future Earth[C]//2022 IEEE 24th International Workshop on Multimedia Signal Processing (MMSP). [S.l. : s.n.], 2022: 1-6.

张图像。这些图像来自真实场景与合成。每个图像都有多个标注，包括目标边界框、关键点和语义分割掩码。这些标注信息可以用于训练深度学习模型，以便在新的图像中检测和分割目标。

CelebA是一个用于人脸识别和人脸属性分析的数据集，其中包含超过200 000张名人照片。这些名人照片呈现了不同的表情、姿势和服装，每个人物都有40个不同的属性标签，比如性别、年龄、面部表情、头发颜色等。这些标签可以用于训练深度学习模型，以便模型针对新图像分析人脸属性。

CIFAR是一个由加拿大计算机科学家Alex Krizhevsky创建的数据集，它包含10个不同的类别，每个类别有6000张32×32的彩色图像。这个数据集包含一些复杂的图像，可以用于训练深度学习模型，以实现图像分类和目标检测。

(2) 计算机视觉任务数据集。Cityscapes是一个用于城市场景分割的数据集，其中包含超过5000张高质量的城市街景图像。这些图像来自德国的50个城市，包括道路、车辆、建筑物、行人等，每张图像都有详细的像素级标注，这些标注可以用于训练深度学习模型，以便在新的图像中分割城市场景。

(3) 手写数字识别数据集。MNIST是一个用于手写数字识别的数据集，其中包含60 000张训练图像和10 000张测试图像。这些图像由真实人类手写的数字组成，每个数字都有一个相应的标签。MNIST数据集是深度学习入门的标准数据集之一，它可以用于训练神经网络模型，以实现手写数字识别。

(4) 时尚物品分类数据集。Fashion-MNIST是一个用于服装分类的数据集，其中包含10个不同的服装类别，包括衬衫、裤子、运动鞋等。这个数据集与MNIST数据集类似，但是它包含一些更复杂的图像，可以用于训练深度学习模型来实现服装分类。

这些数据集为AI辅助专业图像生成提供了重要的基础资源。利用这些数据集训练深度学习模型，可以让计算机更好地理解图像内容，提高生成新图像的准确性和质量。

三、逼真的应用场景

AI辅助专业图像生成可以帮助专业人士快速、高效地生成高质量的图像。这项技术已经被广泛应用于多个领域，例如游戏开发、电影特效、建筑设计、服装设计、广告设计、医学图像生成、艺术创作、智能家居、虚拟现实和增强现实等。

在游戏开发领域，AI辅助专业图像生成可以帮助游戏开发人员快速构建游戏画面，通过学习已有的游戏素材生成新的高质量素材。

在电影特效制作中，AI辅助专业图像生成可以为电影制作人员提供更高效的工具，通过学习电影特效的样本生成新的高质量特效。

在建筑设计领域，AI辅助专业图像生成可以帮助建筑设计师快速完成设计方案，通过学习已有的建筑设计样本生成新的高质量效果图。

在服装设计领域，AI辅助专业图像生成可以帮助服装设计师快速设计服装，通过学习已有的时尚元素和图案生成新的高质量元素和图案。

在广告设计领域，AI辅助专业图像生成可以帮助广告设计师快速完成广告创意，通过学习已有的广告素材生成新的高质量广告图像。

在医学领域，AI辅助专业图像生成可以帮助医学专业人员生成高质量的医学图像，以诊断和治疗疾病。

在艺术创作领域，AI辅助专业图像生成可以为艺术家提供创意和灵感，帮助其设计新的艺术作品。

在智能家居领域，AI辅助专业图像生成可以为智能家居设备提供图像识别和生成技术，帮助智能家居设备更好地识别和处理环境中的图像信息。

在虚拟现实和增强现实领域，AI辅助专业图像生成可以为虚拟现实和增强现实提供高质量的虚拟场景和虚拟对象，使用户获得更逼真的体验感受。

总体来说，AI辅助专业图像生成技术在许多领域都有广泛的应用，可以帮助人们更快速、高效地完成图像生成任务，并且生成的图像质量也非常高。随着人工智能技术的不断发展和创新，AI辅助专业图像生成在未来还有更多的应用场景和更大的发展空间，它将为各行各业的人们提供更加智能化、高效化的图像生成方案。

四、未来发展趋势

科技正在颠覆创意产业，AI辅助专业图像生成行业的创新从未像现在这样迅猛。Midjourney等AI图像生成器提供了一种构思图像的新概念，不到5分钟就能生成新图像，并展现出一种新兴的有趣的设计美学。

随着人工智能技术的不断发展，AI辅助专业图像生成的应用将会更加广泛，有关未来的畅想包括但不限于以下几个方面。

1. 更加智能化和自适应化

未来，随着人工智能技术的不断发展和创新，AI模型将变得越来越智能化，可以更好地理解人类的需求和设计意图，并且自动调整模型参数，以生成更加精确、逼真的图像。同时，模型的自适应能力将不断增强，它可以根据不同的场景和任务要求调整图像生成策略，提高生成效率和质量。

2. 多模态图像生成

当前的图像生成技术主要集中在单一领域或单一类型的图像生成上，例如自然图像生成、艺术图像生成等。未来，AI辅助专业图像生成将会更加注重多模态图像生成，可以同时生成不同类型的图像，例如自然图像、卡通图像、人像图像等，并且可以进行图像融合和交互式编辑等操作，满足更加复杂多样的图像生成需求。

3. 更加广泛的应用场景

未来，随着人工智能技术在多个领域的发展，AI辅助专业图像生成将会应用到更加广泛的场景中，例如机器人视觉、无人驾驶、医学影像、航空航天等。同时，AI辅助专业图像生成也将与其他技术相融合，例如虚拟现实、增强现实等，为用户带来更加逼真、沉浸的图像体验。

4. 更加高效和精准的图像生成

未来，随着人工智能技术的不断发展和优化，AI模型将会变得更加高效，可以在更短的时间内生成更多的图像。同时，模型也将变得更加精准，可以更准确地理解人类的设计意图，生成更加符合要求的图像。

综上所述，AI辅助专业图像生成的发展趋势是更加智能化和自适应化、多模态图像生成、更加广泛的应用场景和更加高效和精准的图像生成。未来，随着技术的不断发展和应用，AI辅助专业图像生成将会成为数字化时代不可或缺的一部分，为各行各业的人们带来更加便捷、高效、创新的图像解决方案。

第六章 AIGC的应用升级

AIGC 在文本及图像生成领域的技术日益成熟，自 2021 年起，国内外互联网头部公司发布了诸多文图生成模型，如图 6.1所示。

除了生成文图内容，AIGC 在其他内容生成方面也发挥了强大的作用。本章将介绍 AI 工具在音频、视频、代码和策略生成等方面的应用，探讨相关的应用场景，以便读者更加全面地了解 AIGC 可覆盖的领域及其对未来社会产生的深远影响。

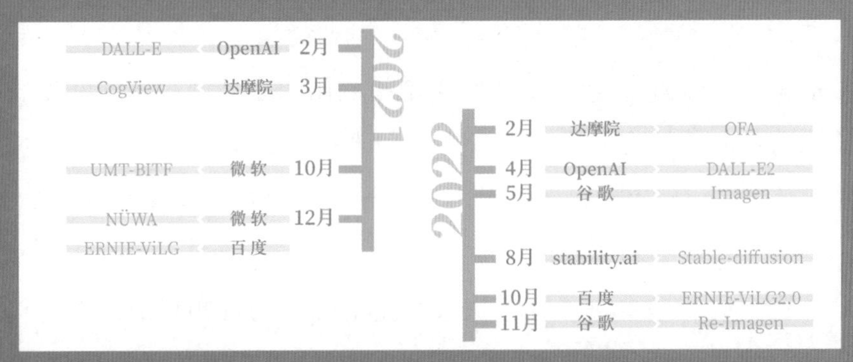

图6.1 AIGC 文图大模型

第一节　内容生成赋能数字化转型

AI内容生成在数字化转型过程中发挥着重要的作用。AIGC可以根据给定的输入和要求，快速生成大量高质量的文本、图像、音频或视频内容，从而帮助个人及企业快速创建丰富多样的内容，例如产品描述、新闻稿、社交媒体帖子等。AIGC可以实现自动化内容创作，大大节省时间和人力成本，提高内容生产效率。

一、用AI 工具打造视听生态

AI工具可以提供强大的视频和音频编辑功能，用户能够剪辑、修复、增强和合成视频和音频内容，以改善视听体验。

此外，AI工具可以作为内容创作的助手，提供创意和灵感，自动帮助创作者生成文本、音乐、图像和视频等多种形式的视听内容。数字化的视听内容可以结合虚拟现实(VR)和增强现实(AR)技术，应用于虚拟场景，使用户能够与视听内容进行更深入的互动，获得更丰富的视听体验。在可预见的未来，AI将影响音频及视频制作链条的各个环节，同时为创作者提供一种更高效的方式来优化创作过程。

1. 语音合成与修复

AI语音合成(text-to-speech，TTS)是指利用人工智能技术将文本转化为自然流畅的语音，并模仿人类的语音特征和表达方式输出。AI语音合成技术发展迅速，目前广泛应用于语音助手、语音导航、语音广播等领域。

1) AI语音合成的基本原理

AI语音合成的基本原理是将输入的文本转换为音频波形，该过程通常包括以下步骤。

(1) 文本预处理。AI对输入的文本进行分词、标记化和语法处理等操作，以便在后续步骤中更好地理解语义和上下文信息。

(2) 文本到音素的转换。将分词后的文本转换为对应的音素序列。音素是最小的语音单位，可以将其理解为具有独立发音的音素单元。

(3) 音素到声学特征的转换。将音素序列转换为声学特征，包括音高、音量、语速、语调等信息。这一步骤通常使用机器学习模型来学习音素与声学特征之间的映射关系，如深度神经网络(deep neural networks，DNN)或循环神经网络(recurrent neural networks，RNN)。

(4) 声学特征合成。根据模型学习到的音素—声学特征映射模型，将音素序列转换为声学特征序列。

(5) 合成音频波形。根据声学特征序列，AI通过声码器将最初的文本转换为最终的音频波形，实现自然流畅的语音输出。

AI语音合成的质量取决于许多因素，包括语料库的质量和规模、模型的设计和训练方法、声学特征的表示方式等。随着深度学习和神经网络技术的进步，现代AI语音合成系统能够生成逼真的语音，并且在很大程度上接近人类的发音和语调。

2) AI语音修复的一般步骤

AI语音增强(speech enhancement)是指利用人工智能技术对含有噪声或其他干扰的语音信号进行增强和修复的过程。语音信号在采集和传输过程中常常受到噪声、回声等的影响，导致信号质量下降，难以理解和识别。AI语音修复旨在通过算法和模型的处理，提高语音信号的质量和可听性。

AI语音修复的基本原理是深度学习模型对含有噪声的语音信号进行建模和分析，通过去除噪声和恢复信号丢失或受损的部分来修复语音。以下是AI语音修复的一般步骤。

(1) 数据准备。AI收集包含噪声和干扰的语音数据集，同时获取纯净语音的数据作为参考。

(2) 特征提取。对输入的语音信号和噪声信号进行特征提取，常见的特征包括短时能量、频谱特征(如梅尔频谱系数)、倒谱系数等。这些特征能够反映语音信号的频谱和时域特性。

(3) 建模和训练。使用深度学习模型(如卷积神经网络、循环神经网络、自注意力模型等)建立语音修复模型。模型的输入为特征化的语音信号和噪声信号，输出为修复后的语音信号。模型通过训练过程学习语音信号和噪声之间的关系，以及如何恢复干净的语音信号。

(4) 修复过程。在实际应用中，输入的含噪声的语音信号经过特征提取后，再输入训练好的语音修复模型，模型将通过学习到的知识和模式对噪声进行建模，并估计噪声的特性，进而对语音信号进行修复。修复后的语音信号可以是降噪后的纯净语音，也可以是对噪声进行补偿的增强语音。

(5) 合成输出。修复后的语音信号经过声码器处理，转换为最终的音频波形，输出清晰可理解的语音。

AI语音修复技术可以广泛应用于语音通信、语音识别、语音指令等领域，提升语音信号的质量和可理解性，改善用户体验。通过不断的研究和技术进步，AI语音修复系统的性能和效果将继续得到改善。

2. 音乐编辑与创作

1) AI在音乐编辑与创作领域的作用

AI音乐编辑与创作是指利用人工智能技术辅助或自动化音乐的编辑、生成和创作过程。AI技术可以开发出各种工具和系统，帮助音乐制作人、作曲家和音乐爱好者在音乐创作和编辑过程中获得灵感和帮助。

AI可以学习大量的音乐作品并分析它们的音乐元素、结构和风格。基于这些学习，AI可以生成新的音乐作品，包括旋律、和声、节奏等。AI可以使用生成对抗网络来生成逼真的音乐片段，或使用序列生成模型来生成连贯的音乐段落。

此外，AI可以辅助和改善音乐的和声与编曲过程。它可以根据既有的音乐片段或和声规则生成和声伴奏，为作曲家提供创作灵感和创新的声部编排。AI还可以分析和识别不同音轨之间的音频数据，并帮助作曲家进行混音和编曲优化。

AI可以对老旧音乐录音进行修复和增强，去除噪声，补充音频细节，提升音乐录音的音质和可听性。这对于保护和恢复珍贵的历史音乐录音具有重要意义。

AI在音乐编辑与创作方面的应用还在不断发展，随着技术的进步和创新，我们可以期待更多智能化的音乐工具和系统，为音乐创作者带来更多可能性和创作灵感。然而，需要注意的是，AI只是辅助工具，音乐创作的核心仍然是人类音乐创作者的创造力和艺术表达。AI在音乐编辑与创作领域的作用是为人类音乐创作者提升创作效率并提供更多的创意，以激发他们的想象力和创造力，而非取代人类音乐创作者。

2) 常用的AI生成音频技术及应用

(1) DeepMusic。DeepMusic是基于深度学习和AI技术进行音乐创作、生成和处理的应用。它使用深度学习模型和算法来模拟音乐创作过程，从而生成新的音乐作品或对现有音乐作品进行处理和改编。

DeepMusic主要有以下功能。

① 音乐生成。DeepMusic可以利用深度学习模型学习大量的音乐结构、和弦进展、旋律等特征，在此基础上生成新的音乐片段或完整的曲目。

② 音乐改编和重混。DeepMusic可以通过深度学习技术实现对旋律、和声、节奏等元素的修改。

③ 自动伴奏与和弦生成。DeepMusic可以生成相应的伴奏与和弦，通过和声旋律与和弦自动完成创作。

④ 音乐分类和推荐。DeepMusic可以通过分析音乐的特征和模式，深度学习不同的音乐风格和流派，并向创作者推荐。

DeepMusic利用深度学习和人工智能技术拓展了音乐创作和处理的可能性，为音乐创作者、音乐爱好者和音乐产业带来了创新和变革。然而，尽管DeepMusic在音乐创作中发挥着重要作用，但它仍面临一些挑战，例如在音乐的情感表达和创造性等方面，需要进一步改进和发展。

(2) WaveNet。WaveNet是一个基于深度学习的生成模型，它用于生成高质量的原始音频波形。它由DeepMind于2016年提出，被广泛应用于语音合成、音乐生成和音频处理等领域。

WaveNet采用生成式对抗网络的结构，通过深度卷积神经网络模型来生成逼真的音频波形。与传统的基于规则的语音合成方法不同，WaveNet可以直接通过音频波形生成声音，因此具有更高的真实性和更好的音质。

WaveNet具有如下优势。

① 自然音质。WaveNet能够生成近似人类声音的音质。WaveNet可以直接用音频信号的原始波形建模，通过调整模型输入的音调、语速、情感等特征来改变音色。

② 实时性。WaveNet模型一次处理一个样本，在保证音频质量的同时也保证了生成速度。

WaveNet的出现对语音合成、音乐生成和音频处理等领域产生了深远的影响，它在提升语音合成的质量和逼真度方面取得了显著的进展，为音频相关应用带来了更加优秀的生成效果。

(3) DeepVoice。DeepVoice是一种基于深度学习的语音合成系统，它由百度研究院提出。DeepVoice旨在利用深度学习技术生成逼真的人类语音，使计算机能够自动合成自然流畅的语音。

DeepVoice的核心是深度神经网络模型，该模型通过学习大量的语音数据，能够将输入的文本转换为对应的语音波形。

DeepVoice具有如下优势。

① 语音合成自然逼真。DeepVoice能够生成逼真的人类语音，具有自然流畅的语音特征，使得合成语音更加接近真实人类的表达。

② 风格和音色多样化。通过适当的训练和调整，DeepVoice可以生成不同风格和音色的语音，满足不同语音合成应用的需求。

③ 语音合成个性化。DeepVoice可以根据特定用户的训练数据进行个性化训练，生成与用户声音类似的语音。

④ 辅助通信和无障碍应用。DeepVoice可用于辅助通信和无障碍应用，为语言障碍者提供自动合成的语音输出。

DeepVoice的出现推动了语音合成技术的发展，提高了语音合成的质量和自然度。它在语音合成、智能助理、语音交互等领域有着广泛的应用。

3. 视频编辑与剪辑

AI视频编辑与剪辑是指利用人工智能技术辅助或自动化视频编辑和剪辑的过程。AI可以开发视频编辑与剪辑工具和系统，帮助视频制作人、编辑和个人创作者在视频创作和编辑过程中获得高效、创新和专业的结果。

1) AI视频编辑与剪辑的应用

(1) 视频分析与标注。AI可以分析视频内容并自动提取关键信息，例如场景、对象、人物、动作等，然后通过视觉识别、目标检测和语义理解技术，对视频进行智能标注和分类，帮助用户快速搜索和浏览大量的视频素材。

(2) 视频剪辑与自动化编辑。AI可以根据给定的指令和要求，自动剪辑和编辑视频。AI也可以根据视频的内容、情节和节奏，自动生成合适的剪辑和转场效果，使得视频剪辑更加高效和快速。AI还可以通过智能选择镜头、调整画面比例和色彩校正等技术，优化视频的视觉效果。

(3) 视频增强与修复。AI可以去除视频中的噪声、抖动或模糊，对视频进行修复和恢复。AI还可以自动调整视频的亮度、对比度和色彩平衡，使视频画面更加清晰、生动和吸引人。

(4) 视频效果与特效。AI可以提供各种视频效果和特效，丰富视频的创意和表现力。AI也可以自动生成转场效果和特殊滤镜，例如模糊、照片风格化、慢动作等。AI还可以根据音乐节奏或情节发展，自动调整视频的速度和节奏，营造更具有冲击力和戏剧效果的视听体验。

(5) 视频生成与合成。AI可以生成虚拟视频场景和角色，实现虚拟现实和增强现实的应用。AI还可以根据用户的指令和要求，将真实拍摄的视频素材与虚拟元素进行合成，创造全新的视觉效果和沉浸式体验。

(6) 视频自动化处理。AI可以自动化处理视频的后期制作过程，如自动添加字幕、生成背景音乐、调整音频音量平衡等，减少人工干预，提高后期制作的效率。AI还可以自动检测视频中的问题，例如抖动、噪声、镜头晃动等，并能自动修复。

2) 常用的AI视频编辑和剪辑技术与应用

(1) Deepfake。Deepfake是一种利用深度学习和人工智能伪造视频或图像的技术。它结合深度学习算法和计算机视觉技术，可以将一个人的脸部特征和表情合成到另一个人的图像或视频中，创造出看起来逼真的假象。

Deepfake的名称源自“deep learning”(深度学习)和“fake”(伪造)两个单词的结合。通过深度神经网络和生成对抗网络，Deepfake技术可以学习和模拟人的外貌、表情和动作，并将其应用于其他人的图像或视频中。

Deepfake技术的发展和广泛应用引起了一些关注和担忧，因为它可能会被用来制作虚假的视频和图片，用于欺骗、误导他人或损害他人的声誉。例如，Deepfake技术可以用来伪造名人的性感照片、政客的虚假演讲或企业高层的假视频，从而对相关人员造成负面影响。

尽管Deepfake技术存在风险和挑战，但它仍有一些潜在的应用价值。例如，在电影制作和特效领域，Deepfake技术可以用于创造更逼真的特效和数字化角色。Deepfake技术还可以用于教育和研究领域，帮助人们更好地理解人脸识别、计算机视觉和深度学习等相关技术的原理和应用。

鉴于Deepfake技术的潜在风险，研究人员和技术社区正在努力开发相应的技术和工具，用于检测和对抗Deepfake内容，以维护信息的真实性和可信度。同时，法律和政策层面也在探索相应的监管措施，以防止Deepfake技术的滥用。

(2) VideoGPT。VideoGPT是基于GPT架构的视频生成模型，它扩展了文本生成能力，能够处理和生成视频内容。GPT(generative pre-trained transformer)是一种基于Transformer架构的预训练语言模型，通过大规模的文本数据训练，它可以输出与输入文本相关的连续文本。

VideoGPT是在GPT的基础上进行扩展的，它能够处理和生成视频序列。与文本生成类似，VideoGPT使用预训练模型来学习视频序列的概率分布，并通过生成器输出与输入视频相关的连续视频。

VideoGPT的训练过程通常涉及大量的视频数据，这些数据来自电影、电视剧、网络视频等。在训练过程中，模型通过观察输入视频序列的上下文信息，学习视频的结构、动作和场景，并预测下一个视频帧或一段视频序列。

VideoGPT可以用于视频补全、视频插帧、视频预测等。在视频编辑、电影特效、动画制作等领域，VideoGPT提升了视频内容创作和生成能力。

然而，VideoGPT技术仍然处于发展阶段，面临一些挑战和限制。视频数据的复杂性和维度较高，需要依赖更多的计算资源不断优化模型。此外，视频生成结果可能存在一些不连贯、不合理的问题，需要进一步改进和调整。尽管如此，VideoGPT仍然推动了视频内容生成领域的技术革新，为视频创作和生成带来了新的可能性，但其质量和可用性有待进一步提高。

二、多模态交互下的内容创作

AIGC的多模态交互是指结合多种感知模态(如视觉、听觉、文本语言等)和交互方式(如语音、手势及触摸等)来实现不同感知模态的交互，以充分模拟人与人之间的交互方式。

为了实现多模态交互，通常需要整合多种AI模型及算法。例如，语音识别、图像识别、姿态识别和情感分析等技术可以用于感知和理解多种输入信息；而自然语言处理、计算机视觉、音频合成和动作生成等技术可以用于多模态输出。

1. 从文本到音频

从文本到音频的转换通常涉及以下关键步骤。

(1) 对输入的文本进行预处理，包括去除特殊字符、标点符号和多余的空格，以及文本的大小写形式处理等。

(2) 将经过预处理的文本转换为语音特征表示，这可以通过使用文本到语音(text-to-speech，TTS)技术实现。TTS技术使用深度学习模型将文本转换为声学特征，例如语音波形、声音基频和持续时间等。

(3) AI根据声学特征，使用信号处理和音频合成技术生成合成的音频波形。对于生成的音频波形可能需要进行后期处理和增强，以提高音质和丰富音频效果，例如去噪、调整音量、添加音频效果等。

(4) 将生成的音频以所需的格式输出，例如保存为音频文件(如MP3、WAV等)，或者直接播放音频。

需要注意的是，要实现从文本到音频可以使用不同的技术和方法，包括基于规则的方法和基于深度学习的方法。采用深度学习方法通常能够生成更自然和更流畅的音频。

现在，有许多开源的商业的TTS工具和API可供使用，如Google Text-to-Speech、Microsoft Azure Cognitive Services的Speech服务、OpenAITTS等。它们能为用户提供方便且高质量的文本到音频转换功能，使得从文本转换音频更加容易。

2. 从文本到视频

从文本到视频的转换通常涉及以下关键步骤和技术。

(1) 输入文本内容，AI通过文本解析、语义理解和情感分析等技术，将文本内容转换为可以处理的形式，捕捉文本的含义和情感。

(2) 基于输入的文本内容，AI使用生成对抗网络或变分自编码器等模型生成逼真的视频场景，确定场景的背景、角色、物体等元素，并根据文本描述进行布局和安排。

(3) 生成视频场景后，AI采用动画、渲染和图像处理技术将场景转化为一系列连续的视频帧，以创建平滑的动画效果和逼真的图像。对于生成的视频可能需要进行编辑和后期处理，以改善画面质量、增加特效、调整音频等。

实现从文本到视频的转换涉及深度学习、计算机视觉、图像处理、视频处理和动画等多个领域的技术。通过结合这些技术和相关算法，AI能够将抽象的文本转化为视觉化的表达。

三、多模态交互的应用

1. 实现多模态交互的技术和方法

(1) 自动语音识别(ASR)技术。ASR技术采用语音信号处理和机器学习算法，将音频转录为文本形式，使其可以被计算机进一步处理和理解。

(2) 自然语言处理(NLP)技术。NLP技术可以用于提取关键信息、实体识别、情感分析等，可以深入地理解用户输入的文本。

(3) 文本到语音合成(TTS)技术。TTS技术使用深度学习模型，将文本转换为声学特征，如语音波形、音频频谱等，从而生成逼真的语音。

通过结合以上技术和方法，可以实现视听与文本的交互。例如，用户可以输入语音进行命令或提问，系统采用语音识别技术将其转换为文本；然后采用自然语言处理技术理解用户意图，并输出相应的语音或文本响应。同样，系统可以接收文本输入，并使用文本到语音合成技术将其转换为语音输出，或通过文本响应进行交互。这种视听与文本的交互方式可以应用于各种场景，例如智能助理、语音导航、语音交互系统、多媒体应用等，为用户提供更自然、更直观的交互体验。

爱丁堡大学的研究人员开发了一种人工神经网络模型，采用基于图形的机器自主学习算法，可以自动生成电影预告片。研究者将自动生成预告片的任务分解为识别叙事结构、预测传达情绪这两个子任务，再根据这两个子任务分别开发处理电影视频和剧本摘录的新技术①。

2. AIGC技术在娱乐业的应用

虽然目前人工智能在文娱创作领域的应用处于初级阶段，但我们可以预见，它将给文艺创作带来巨大的影响。在未来，我们期望看到更多的人工智能作品，这些作品不仅可以通过创新的方式升华艺术创作的层次，而且可以帮助我们更好地理解和探索人类的情感、欲望和人生观。图6.2展示了AIGC技术在娱乐业的一些应用。

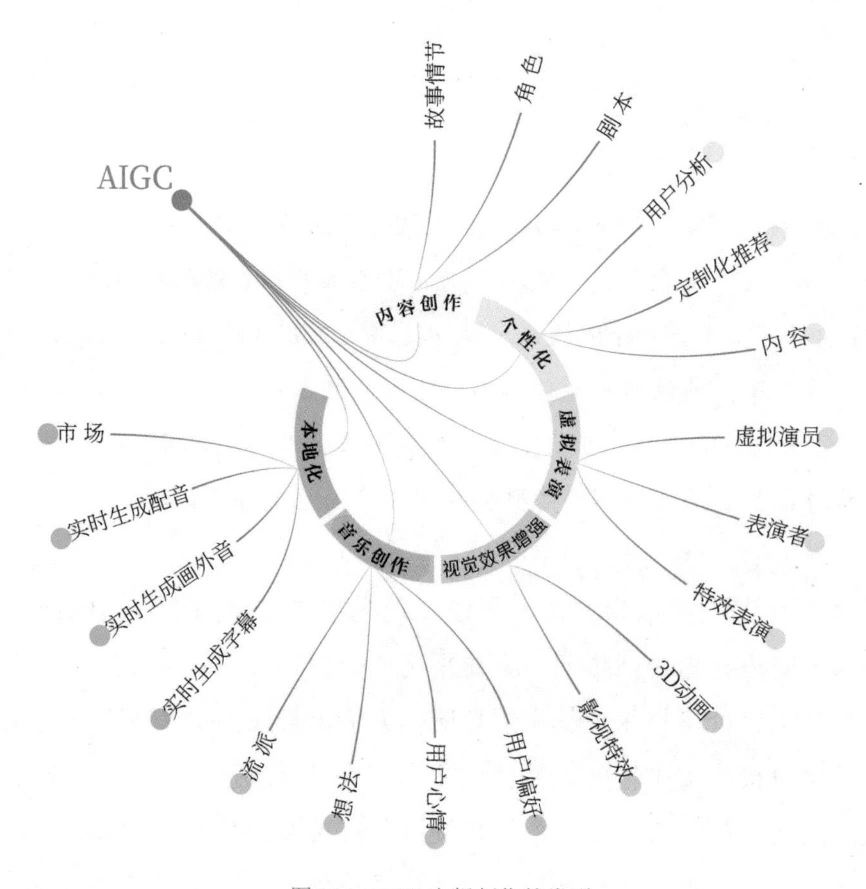

图6.2　AIGC 文娱创作的类型

① SENSORO 升哲科技 . AI 剪辑师——自动生成电影预告片的人工神经网络模型 [EB/OL]. https://www.163.com/dy/article/GQ8098OM0538J014.html.

(1) 内容创作。AIGC可以协助人类创作新颖且引人入胜的内容，例如电影、电视节目、视频游戏和音乐。它能够凭借分析大数据的能力，生成原创的故事情节、角色，甚至完整的剧本。

(2) 个性化定制内容。AIGC可以通过分析用户的观看记录创建定制化推荐，也可以根据用户的喜好定制个性化内容，从而提高用户参与度和保留率。

(3) 虚拟表演。AIGC可以创建用于电影、电视节目和视频游戏的虚拟演员，这些虚拟演员可以根据指令执行特定的动作或行为，用以满足表演的需要。

(4) 视觉效果增强。AIGC可以帮助用户生成传统方法难以或不可能实现的视觉效果。它可以生成用于电影和电视节目的3D动画、特效等。

(5) 音乐创作。AI可以根据用户的偏好、心情、想法和流派等多种因素，生成原创音乐作品。

(6) 本地化。AIGC可以实时生成字幕、画外音甚至配音，针对不同市场对语言进行本地化处理。

第二节　代码生成掀起科技浪潮

2021年，微软与OpenAI共同推出了AI编程工具GitHub Copilot，它可以根据上文提示为程序员自动补全代码。2023年，微软在Build2023开发者大会上宣布将Copilot接入Office全家桶，并展示了部分功能。继ChatGPT之后，Copilot的强大功能引发了大众对AI工具的新一轮讨论。

代码生成是指利用AIGC技术，通过输入高层次的抽象描述或规范，自动生成相应的代码。相较于传统的编码方式，AIGC技术减少了开发人员的工作量，提高了开发效率。开发人员可以将更多的时间和精力集中在核心业务逻辑的设计和优化上，从而大幅缩短软件开发的周期，加快产品上线的速度。通过快速生成和迭代代码，开发团队可以更快地推出新功能、修复漏洞和响应市场需求，从而获得竞争优势。

此外，代码生成技术可以通过预定义的规则和最佳实践(best practice)来生成代码，从而降低出现人为错误的概率。生成的代码通常更符合一致性、可读性和可维护性的标准，减少潜在的漏洞及缺陷，从而提升代码质量，降低维护成本。

AIGC技术是当前科技浪潮中的重要驱动力之一，对软件开发和编程领域将产生深远的影响。通过提高开发效率、加速创新和迭代、提升软件质量和可维护性，AIGC技术将持续推动软件工程的发展，并为开发者带来更高效、更便捷的开发体验。

一、人人皆可编程

如今俗称的“代码”指的并不是由0和1组成的二进制码(也称“机器语言”)，也不是进一步封装的“汇编语言”，而是一种更贴近人类自然语言的编程语言，称为“高级编程语言”。

释义 6.1：高级编程语言

随着计算机事业的发展，人们需要去寻求一些与人类自然语言相近且能为计算机所接受的语意明确、规则明确、自然直观、通用易学的计算机语言。这种与自然语言相近并为计算机所接受和执行的计算机语言，称为高级编程语言。高级编程语言是面向用户的语言。无论何种机型的计算机，只要配备相应的高级编程语言的编译或解释程序，用高级编程语言编写的程序就可以运行[①]。

高级编程语言(以下简称“代码”)是一种贴近人类自然语言的计算机语言。它被用来描述计算机执行流程和逻辑，与数学证明有相似之处。

那么，让AIGC工具去学习代码是否可行呢？答案是完全可行。目前，ChatGPT已经可以实现诸如代码解释、代码错误查找、不同编程语言转换、

① 百度百科. 计算机编程语言 [EB/OL]. https://baike.baidu.com.

根据需求自动形成代码等功能。程序员在进行具体的复杂代码编程前，先向ChatGPT寻求建议是一个有效提高工作效率的方法。

除此之外，AIGC的代码生成能力还可以帮助计算机初学者快速学习代码。以ChatGPT为例，它能够根据用户需求生成代码。这个功能可以帮助初学者了解代码的运行方式，或解释某个算法是如何具体工作的。

例如，在输入“生成一个Python函数来反转字符串”作为指令后，如图6.3所示，ChatGPT可以生成连贯的Python代码。但需要注意的是，对于ChatGPT生成的代码仍需要进行修改和调试，以适应特定的项目需求。

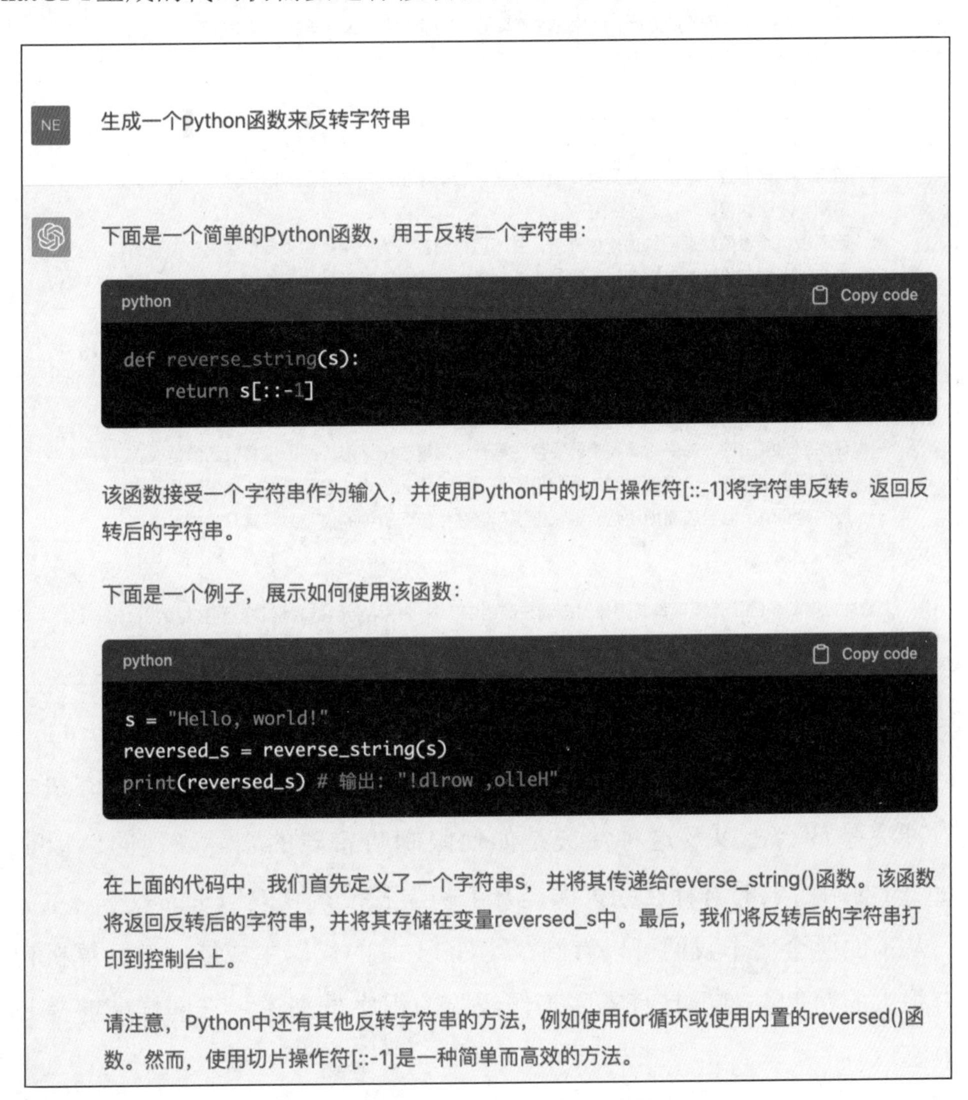

图6.3　ChatGPT 生成函数(例图)

除了能够直接生成代码，ChatGPT等语言类AIGC工具还能对代码或编程相关的知识进行解释。如图6.4所示，ChatGPT不仅清晰地解释了哈希表是什么，还解答了哈希表是如何通过哈希映射的方式进行工作的，同时阐述了哈希表的最大优点，即极快的查找速度。

NE 解释哈希表是如何工作的

哈希表是一种数据结构，它可以高效地存储和查找数据。哈希表利用哈希函数将一个键映射到一个索引（或桶）中，然后将值存储在该索引中。当我们想要查找一个值时，哈希函数可以再次将该键映射到相应的索引，并查找该索引中存储的值。这使得在平均情况下，查找和插入操作的时间复杂度为 O(1)。

下面是哈希表的基本工作原理：

1. 首先，我们需要一个可以接受键作为输入并返回哈希值的哈希函数。哈希函数通常将键映射到一个整数值。
2. 哈希表将哈希函数返回的值作为索引，并将值存储在该索引中。如果多个键具有相同的哈希值，则它们将被存储在同一个索引中，并用链表或其他数据结构组织。
3. 当我们想要查找一个值时，我们将键作为输入传递给哈希函数，该函数将返回相应的哈希值。哈希表将使用哈希值来查找存储在相应索引中的值。如果哈希表中存在多个键具有相同的哈希值，则需要在相应索引中的链表或其他数据结构中搜索键以找到所需的值。
4. 当我们想要插入一个新的键值对时，我们使用哈希函数计算键的哈希值，并将键值对存储在相应的索引中。如果哈希表中已经存在具有相同键的键值对，则旧值将被新值替换。
5. 当我们想要删除一个键值对时，我们需要将键作为输入传递给哈希函数，该函数将返回相应的哈希值。哈希表将使用哈希值来查找存储在相应索引中的值，并将其从哈希表中删除。

总之，哈希表的工作原理是将键值对存储在数组中，并使用哈希函数将键映射到数组索引中。这种方法在查找、插入和删除操作中都能够实现 O(1) 的平均时间复杂度。

图6.4　ChatGPT 解释哈希表(例图)

美中不足的是，ChatGPT并没有说明哈希表的问题所在，没有介绍哈希映射冲突是什么，以及这种冲突是如何限制哈希表的实际表现的。但是，ChatGPT对哈希表的解释已经大大提升了初学者搜索有效信息的效率。

从上面两个例子我们可以看到，AIGC工具的代码生成能力对计算机初学者有很大的帮助。对于具有丰富工作经验的程序员来说，它同样能够提升工作效率。

然而，AIGC工具的代码生成能力是有缺陷的。诸如ChatGPT等AIGC工具不能保证其生成的代码是准确无误的。如果想引导其基于比较复杂的业务逻辑生成正确的代码，程序员在提示设计上所下的功夫并不比自己写代码轻松多少。所以，如何进一步提高AIGC工具生成代码的质量，以及如何针对代码生成任务设计提示模板是目前需要解决的问题。

二、AI 生成引发新的内卷

AIGC编程(AI-powered programming)是一个备受关注的领域。AIGC通过机器学习和自适应算法等技术实现对现有代码的增强和改进，具有大幅度提高编程效率、减少编程错误的优势。这些自动生成代码的技术现在已经发展到什么地步呢？计算机科学家对这种技术又存在哪些设想呢？

1. 代码自动提示和补全

AIGC技术可以通过深度学习算法来捕捉程序员的写法习惯，根据程序员输入的部分代码自动进行提示和补全。此外，在代码规范和可读性方面，AIGC技术能够发挥巨大作用。基于对抗生成网络模型的AIGC工具，能够对自己编写的代码进行规范化和优化，从而提高代码的可读性和可维护性[①]。

2. 代码重构和改进

AIGC技术不仅可以通过自动提示和补全来提高代码的规范性，还可以通过代码的重构和改进来提高代码的质量和运行效率。AIGC工具可以通过深度学习和自适应算法来快速找到代码中的重复部分、死循环和无用代码等，并提供有效的改进和优化方法[②]。

---

① KENESHLOO Y, SHI T, RAMAKRISHNAN N, et al. Deep reinforcement learning for sequence-to-sequence models[J]. IEEE transactions on neural networks and learning systems, 2019, 31(7): 2469-2489.

② HERSHEY J R, ROUX J L, WENINGER F. Deep Unfolding: Model-Based Inspiration of Novel Deep Architectures[J]., 2014. arXiv: 1409 .2574 [cs.LG].

3. AIGC在自动化代码维护中的应用

AIGC还可以用于自动化代码维护。在实际应用中，代码的维护成本往往高于代码的开发成本。AIGC工具可以通过机器学习和自适应算法等技术，对代码进行自动化修复、重构和演化，以实现自动化检测并修复代码中的缺陷和漏洞。

第三节　策略生成引领游戏革新

AIGC策略生成具有引领游戏领域革新的潜力，具体体现在以下两个方面。

一、虚拟形象的生成

目前，受技术水平影响，虚拟形象创作仍存在诸多限制。不过，在AIGC技术的加持下，虚拟形象将拥有更多的组合，甚至可以根据不同人的性格呈现不同的形式。

AIGC技术生成虚拟人物需要使用大量的数据进行训练。经过数据采集、深度学习算法训练和人机交互等步骤生成的虚拟人物，能够与人类进行交互。为了更好地实现AI虚拟人物的人机交互，开发者相应地推出了一些技术手段，例如面部情感识别、自然语言处理等技术。这些技术手段的应用使得AI虚拟人物能够更逼真地模拟人类的表情及语言，从而能够更好地与用户交互，提升用户的使用体验。

AIGC工具生成虚拟人物在游戏领域将发挥极大的作用。通过AIGC技术，游戏开发者可以为游戏中的NPC(non-player character，非玩家角色)创建动态的对话和交互。在传统的游戏中，NPC的对话通常是固定的，这让NPC看起来像一个没有灵魂的机器；而AIGC技术可以为NPC赋予更为生动的个性和逻辑，使得玩家与NPC的对话更加有趣和自然。

二、游戏的开发制作

GameAI(游戏人工智能)是指在电子游戏中应用AI技术，通过开发和应用各种算法和技术，使得游戏中的虚拟角色、敌人和NPC能够表现出智能行为、适应性和自主决策能力①。

AIGC工具可以大幅度降低游戏开发成本。由于AI生成游戏可以缩短游戏开发周期，可以加快游戏的推出速度。一些游戏公司已经开始尝试使用GameAI。传统的游戏设计方式是由人力完成的，随着AI生成游戏的出现，开发团队可以利用AI的优势来快速地完成游戏设计。GameAI的目标是创建逼真且富有挑战性的游戏体验，使得游戏角色和环境能够与玩家进行交互，并表现出逼真的行为和反应。AIGC技术可以根据游戏玩家的反馈来自动改进游戏设计，从而改变游戏设计过程与方式。

GameAI的应用范围涵盖游戏设计、游戏开发和游戏测试等多个方面。

在游戏设计中，GameAI可以设计出复杂的游戏任务、关卡或谜题，创建逼真的虚拟世界和环境。

在游戏开发中，GameAI可以编写智能代理程序，可使游戏中的NPC角色自主行动，适应玩家的策略和行为，并与玩家进行互动；还可以用于路径规划、行为树、状态机等技术的实现。

在游戏测试中，GameAI可以用于创建自动化测试工具和AI对战模拟器，以评估游戏的平衡性、可玩性和AI的表现。

随着AIGC技术的进一步发展，玩家能够获得的游戏体验也不断增加。未来，玩家能够跳出游戏开发者设定的框架，在真正开放式的游戏中探索随机的新内容，打造一个属于自己的世界。

---

① YANNAKAKIS G N. Game AI revisited[C]//Proceedings of the 9th conference on Computing Frontiers. [S.l. : s.n.], 2012: 285-292.

第七章 AIGC的生态构建

近年来，随着AI技术的不断突破，AIGC技术也日益成熟。百度、华为及阿里巴巴等互联网头部企业都纷纷加大了对AIGC技术的研发力度。可以预见，在不久的将来，由AIGC衍生的各种工具将在多个领域发挥巨大的作用。

使用AIGC技术来生成内容有许多好处。AIGC生成内容的速度极快，对于那些需要在短时间内生成大量内容的项目而言非常有利；AIGC可以保证生成内容的准确性和一致性，防止前后不一致等低级错误的出现；AIGC技术可以为企业提供个性化服务，通过大数据分析消费者行为，生成针对特定人群的内容，从而让企业更好地与受众互动。

不过，AIGC技术并不能完全替代人工创建的内容，它缺乏人类的创造力、情感和个性，也缺乏可以使内容更加丰富的人情味。

总而言之，AIGC技术应用正在迅速改变内容生成方式。虽然它可以成为提高效率的工具，但不应将其视为人类的完全替代品。通过将AIGC技术工具与人类的创造力和专业知识相结合，企业可以创建一个成功的组合，从而生成能引起目标受众共鸣的高质量内容。本章将深入探讨AIGC在各行业的应用及其影响。

什么是AIGC生态？我们为什么要构建AIGC生态？

在2023年之前，AIGC技术生态构建(ecological construction)还只是一个构想，是人们对未来的一种想象，谁也不知道人工智能所构建出的未来会变成什么样子。毕竟，AIGC作为一个基于人工智能技术的综合性架构，主要用于数据分析、业务决策等领域，这和人们的日常生活相差甚远。

现在，ChatGPT已经给出了答案。ChatGPT的回答正确率和反应速度已经超越了之前的人工智能。它不仅可以回答，还能对提问中不明确的地方进行反问。ChatGPT具备强大的语言理解与生成、复杂推理、上下文学习等能力，能够满足用户需求。ChatGPT因此成为爆款产品，其影响力早已跨圈。

随着AIGC的逐步发展，它的应用也越来越多。目前，AIGC技术已经发展为一个集成人工智能、大数据分析和业务决策等技术的综合性架构，它的产业链如图7.1所示，涉及上游、中游以及下游的不同产业。本章将从AIGC技术的生态模型出发，简述它在上游、中游以及下游的不同产业生成了哪些内容以及内容特点，并探讨AIGC将会给社会带来怎样的影响。

图7.1　AIGC 产业链

第一节　上游产业的发展

图7.2展示了 AIGC 的上游产业，其中涉及许多基础行业。首先是硬件产业，人工智能依赖强大的计算能力和存储能力，因此需要高性能的计算机硬件和存储设备来支持，包括高性能计算机、专用芯片和 GPU。其次是软件行业，人工智能需要大量的算法和数据模型来支持，因此需要先进的软件开发工具和技术。再次是数据支持，人工智能需要大量的数据来训练模型和提高精度，因此需要做大规模的数据采集、数据清洗、数据标注等工作，为人工智能模型的训练提供足够样本。最后是人才培养，人工智能需要具备相关技能和知识的人才来支持，因此需要招聘、培训和保留相关人才。

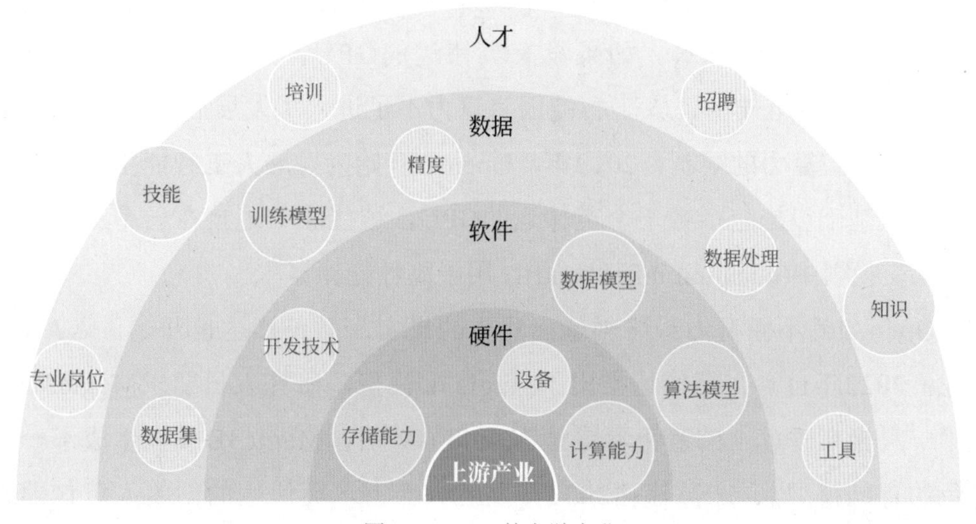

图7.2　AIGC 的上游产业

总体来说，AIGC技术的上游产业主要围绕计算机硬件、软件、数据和人才等方面展开，涵盖计算机科学、电子工程、统计学、数学等众多学科和领域。这些上游产业的发展和进步，也为人工智能的发展和应用提供了重要的支持和保障。

一、硬件的突破

AIGC所需硬件主要包括处理器、显卡、手机和其他云设备等。目前，较为知名的硬件生产企业有英特尔(Intel)、AMD(Advanced Micro Devices)、Nvidia(英伟达)、微软(Microsoft)、苹果(Apple)、联想(Lenovo)、华为(Huawei)、三星(Samsung)、台积电(Taiwan Semiconductor Manufacturing Company)、中芯国际(SMIC)等。

AIGC的大力发展离不开硬件产品的算力。在过去几十年中，计算机的算力突飞猛进。早期的人工智能算法是在中央处理器(central processing unit，CPU)上运行的，无法满足训练大型深度学习模型的需要。在此背景下，图形处理单元(graphic processing unit，GPU)被开发出来[①]。GPU通常用于图形和视频渲染，帮助程序员创建更逼真的场景。所以说，ChatGPT的横空出世，也反映了计算机硬件的发展。

英伟达在显卡创新方面取得了进步，它在很大程度上塑造了现在的图形处理和3D游戏技术。如果没有英伟达的GPU，那么也不会有现在的ChatGPT。大约五年前，人工智能因为算力不足进入了发展瓶颈期，OpenAI开始尝试突破算力的限制。2019年，OpenAI开始为发展人工智能搭建基础设施。这些基础设施包括数千个英伟达的GPU，这些GPU连接在一个英伟达量子无限交换器中(quantum infini band)，用于高性能计算[②]。

OpenAI的不懈努力最终创造出甜蜜的果实，而英伟达也开始进入AIGC产业。2022年11月，英伟达推出了Magic3D模型。研究人员要求Magic3D生成“一只坐在睡莲上的蓝色毒镖蛙”，40分钟后，Magic3D模型生成了一个彩色的青蛙模型[③]。在英伟达2023开发者大会上，英伟达的创始人黄仁勋连续放出了几个重磅炸弹：除了四种专为ChatGPT设计的GPU外，英伟达还将

① ZHANG C, ZHANG C, ZHENG S, et al. A Complete Survey on Generative AI(AIGC): Is ChatGPT from GPT-4 to GPT-5 All You Need? [J]. arXiv preprint arXiv:2303.11717, 2023.

② ROACH J. How Microsoft’s bet on Azure unlocked an AI revolution [EB/OL]. https://news.oh101.com/2023/04/04/how-microsofts-bet-on-azure-unlocked-an-ai-revolution/.

③ LIN C H, GAO J, TANG L, et al. Magic3D: High-Resolution Text-to-3D Content Creation[J]. arXiv preprint arXiv:2211.10440, 2022.

发布AI超级计算服务DGX Cloud、光刻计算库cuLitho、云服务NVIDIA AI Foundations，以及与光子机械(Quantum Machines)合作推出的全球首个GPU加速量子计算系统[①]。

二、软件的带动

除了计算机硬件，软件业也促进了AIGC技术的发展。许多上游企业都在设计开发新软件，这些软件将帮助AIGC中游企业的技术发展，例如搭建更好的语言模型。目前，AIGC需要人工智能、集成电路、操作系统、开发工具、云计算、大数据和安全等方面的软件，本书将这些软件分为四个类别，即电子设计自动化类、操作系统类、基础服务类以及安全类软件。

1. 电子设计自动化类软件

电子设计自动化(electric design automation，EDA)技术最早出现于20世纪60年代，它是由计算机辅助工程、计算机辅助设计、计算机辅助测试以及计算机辅助制造等延伸而来的[②]。EDA是广泛应用于集成电路产业链的工具软件系统，它和装备、材料并列为集成电路产业的三大战略基础支柱[③]。

目前，国内外知名的电子设计自动化软件公司包括Synopsys(新思科技)、Cadence(楷登电子)、Siemens(西门子)和我国的北京华大九天科技股份有限公司(华大九天)等。EDA类软件对芯片设计领域有着极大的贡献，伴随着摩尔定律逐步失效，新EDA软件将打破传统，创造出算力更加强大的芯片，从而为AIGC提供更快、更强大的算力基础。

---

① 网易科技. AIGC 疯狂一夜！英伟达投下“核弹”显卡、谷歌版 ChatGPT 开放，比尔 • 盖茨惊叹革命性进步 [EB/OL]. https://w ww.ithome.com/0/681/477.htm.

② 严林波，孙正凯. 电子设计自动化技术及其应用研究 [J]. 科技创新与应用，2019(282)：137-138.

③ 李玉照，吴翥. 电子设计自动化 EDA 技术状况与展望 [J]. 集成电路应用， 2022(39)：246-247.

2. 操作系统类软件

计算机操作系统(operating system，OS)是计算机系统的基础，它负责协同计算机各个部件进行工作，例如管理配置CPU功率、分配内存使用、输入与输出文件等。操作系统管理全部硬件，以及硬盘中的全部文件，控制应用程序的运行，可以说计算机操作系统是一个强大的管理程序①。

常见的计算机操作系统有DOS、UNIX、LINUX、Windows等，但这些操作系统存在不少问题。首先，由于计算机硬件热稳定性不好，接触不良，经常会发生系统崩溃；其次，目前的杀毒软件还无法完全防御黑客，这会造成数据损失；最后，由于操作系统相关从业人员相对较少，专业水平较低，面对云计算、工业控制、智能制造等新技术的创新能力不足，未来发展前景堪忧②。随着国内红旗、深度、优麒麟、中标麒麟、起点、中兴新支点等多个操作系统的发展，操作系统在未来将得到改善，为AIGC技术所需软件创立更好的开发平台③。

3. 基础服务类软件

基础服务类软件涵盖较广，包含所有可以在互联网上提供的服务，例如云计算平台、大数据处理软件、数据可视化工具等。这种代替其他公司或个人完成基础设施服务的模式也被称为软件及服务(software as a service，SaaS)。SaaS已成为各种业务应用程序的流行交付模型，包括办公软件、消息传递软件、工资单处理软件、数据库管理软件、管理软件、开发软件等，以及游戏化、虚拟化、会计、协作、客户关系管理、管理信息系统、企业资源规划、发票管理、现场服务管理、人力资源管理和人才招聘等。几乎所有的企业软件供应商都已经开始提供SaaS解决方案④。

---

① 吕晓鑫. 计算机操作系统综述 [J]. 河南科技，2012，506(6).

② 丁珩. 我国软件产业的现状、问题及加快发展的建议 [J]. 科技与经济，2003：58-59.

③ 叶晓霞，陈桂鸿. 计算机操作系统中的问题与趋势展望 [J]. 电子技术，2023(52)：40-42.

④ 成生辉. Web 3.0：具有颠覆性与重大机遇的第三代互联网 [M]. 北京：清华大学出版社，2023.

4. 安全类软件

安全问题是软件行业的一个重点问题，包括网络安全、信息安全、数据安全等，主要为下游企业提供安全保障。目前，常用的安全类软件包括Kali Linux、Burp Suite、Nmap、Nessus、火绒安全、联想电脑管家和360等。

三、数据的支持

数据是AIGC技术的基础。假如没有数据进行训练，那么AIGC就无法生成符合用户期望的内容；反之，一个足够优秀的数据集能够高效地对AIGC进行训练，又快又好地达到训练者的目的。随着大数据等概念的兴起，近几年来，数据产业的重要性提升，人们越来越重视数据产业的高质量发展。本节将从数据整理的角度，简要分析数据产业的发展。

1. 数据获取

数据获取是AIGC生态构建中不可缺失的一环。一方面，随着大数据的广泛应用，一些新行业不一定拥有足够的数据；另一方面，对于一些已经拥有大量数据的旧行业来说，它们仍然需要大量的高质量数据对行业发展进行适应[①]。

传统的数据获取方式有三种，即数据共享、数据检索与数据请求。数据共享是指在互联网上寻找共享数据的平台，并在其中寻找合适的数据集。目前，国外常用的数据共享平台有DataHub、Google Fusion Tables、Kaggle，国内常用的数据共享平台有阿里巴巴的天池数据集和百度的开放数据集等。数据检索是指通过不同的搜索方法，在环境中进行检索和分析，最终得到想要的数据集。Web Table和谷歌数据集检索等可以借助网络服务，对网上的信息进行检索和提取。数据请求是指通过网络检索的方式，向拥有相关数据的单位进行数据申请，从而获得数据。目前，国内众多政务部门和企业均允许数据请求，国外的政府和NGO也允许企业通过数据请求的方式获得数据。

---

① 徐华. 数据挖掘方法与应用 [M]. 北京：清华大学出版社，2022.

与传统的数据获取不同，大数据获取需要面对海量数据、多种数据类型和多样化的终端类型，对采样数据的实时性要求也越来越高。目前，我国大数据采集市场企业主要有Oracle等数据库企业，以及迪思杰等第三方软件企业①。

2. 数据处理

数据处理是一个含义较为宽泛的词汇，它包含诸多对数据集本身进行的操作，包括但不限于数据标注、数据清洗、数据转换、数据描述和数据分类等②。在现实生活中，数据集不可能是完美的。例如，医院对患者的术后生存情况进行走访，但很多患者可能会出于各种原因隐瞒实情或拒绝回答，从而造成失访。失访体现在数据集上就是数值的缺失。为了解决这一问题，应当对数据进行一些处理和变换，使得处理后的数据集能够满足分析需要。

大数据和人工智能的兴起，带动了数据处理行业的发展。2019年，数据标注行业市场规模为30.9亿元，到2020年行业市场规模突破36亿元，预计到2025年市场规模将突破100亿元。按类型划分，中国人工智能数据标注市场以语音、图像、NLP(自然语言处理)领域的标注服务为主。以2019年为例，图像类、语音类、NLP类数据需求规模占比分别为49.7%、39.1%和11.2%。目前，国内外的知名数据处理软件包括R、SAS、SPSS和Stata等，还有不少企业也提供数据处理的SaaS服务③。

3. 数据存储

对数据进行处理后，需要将数据存储到某种载体之中。20世纪70年代，数据库正式进入人们的视野。数据库是指以一种有组织的方式存储在计算机内的数据集合。与传统的平面文件相比，数据库具有安全性、数据独立性、可恢复性，同时具备中央数据管理能力。数据库的存储版本有多种，但它

---

① 共研网. 行业深度！ 2022 年中国大数据采集行业发展现状解析及发展趋势预测 [EB]. 2023.

② 徐华. 数据挖掘：方法与应用[M]. 2 版. 北京：清华大学出版社，2022.

③ 前瞻产业研究院 . 深度分析！ 2021 年中国数据标注行业需求现状与前景趋势分析，人工智能推动行业高速发展 [EB]. https://www.sohu.com/a/640288801_121388268，2021.

的核心基本都是数据模型，数据模型可以把数据库的组织形式用计算机来展现[①]。

国际方面，国际云数据仓库巨头Snowflake 2022年第三季度营收与2021年同期相比上涨67%，达到5.5亿美元；国内方面，2021上半年我国大数据平台市场规模达54.2亿元，同比增长43.5%。近年来，华为、腾讯云、阿里云、百度、星环等国内主流大数据企业均推出云原生数据湖、云原生数据平台等产品[②]。未来，国内的数据存储行业将在数据管理、数据编织和产品出海等方向进行突破，为AIGC技术提供稳定的数据存储支持。

四、人才的培养

AIGC的发展和训练，离不开相关人才的支持，培养AIGC人才变得愈发重要。《2023年AIGC人才趋势报告》显示，目前，AIGC人才供需呈现结构性失衡的特点。企业青睐偏技术岗位人才，以算法工程师、自然语言处理工程师、图像识别工程师等研发人才为主；市场方面，热投岗位则以AI产品经理类、运营类等非技术岗位居多[③]。培养AIGC人才已被相关部门和企业提上日程，图7.3展示了不同单位对AIGC人才的培养需求。

1. 高等教育机构

高等教育机构包括各类大学、学院、技校等。这些机构既为AIGC提供了专业人才和研究成果，也为AIGC的研发和生产提供了重要支持。

2. 科研机构

科研机构是AIGC技术的创新源泉，包括各类研究所、实验室等。这些机

① 成生辉. Web 3.0：具有颠覆性与重大机遇的第三代互联网 [M]. 北京：清华大学出版社，2023.

② 中国信息通信研究院. 大数据白皮书 (2022 年)[EB]. https://www.smartcity.team/investment/industryanalysis，2023.

③ 腾讯研究院. 2023 年 AIGC 发展趋势报告 [EB]. 2023.

构为AIGC提供了最新的科技成果和技术支持。

3. 人才服务机构

人才服务机构包括各类培训机构、招聘中介等。这些机构为各级企业和事业单位提供源源不断的AIGC人力资源。

4. 政府部门

政府部门是AIGC技术的政策支持和监管机构，包括各级政府部门、行政机构等。它们为AIGC的发展提供了基础保障，也能防止AIGC技术对社会产生负面影响。

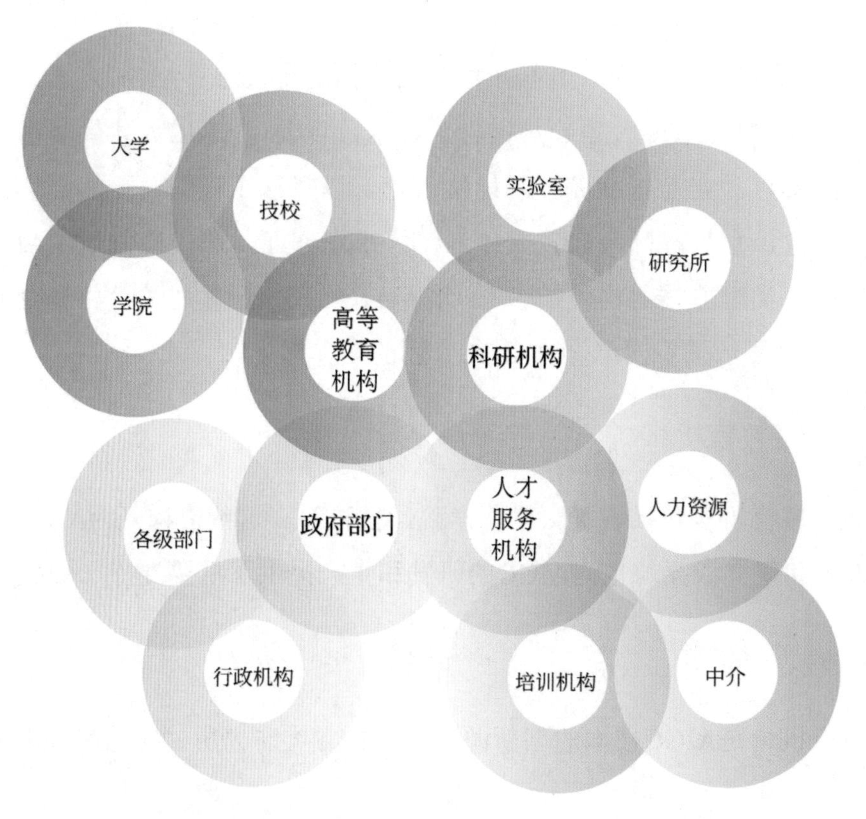

图7.3　AIGC 的人才培养需求

第二节 中游产业的带动

AIGC的应用离不开以下几个部分：其一是云计算提供的算力基础；其二是大数据作为训练基础；其三是机器学习的数据分析手段。本节将按照顺序分别介绍它们在生态链上的功能，同时列举一些较为成熟的案例。

一、云计算：算力的提供者

云计算是一种基于互联网的计算方式，它将资源提供给用户，使用户可以随时随地通过互联网访问这些资源。云计算的优势在于它可以为用户提供灵活、高效、安全的计算环境，同时节约成本。云计算通过网络云，将巨大的数据程序分解成若干小程序，随后使用服务器组成的系统来分析这些小程序，最终将结果返回给用户。云计算可以在很短的时间内完成数据处理，提供强大的网络服务[①]。

云计算可以帮助企业和组织快速、高效地处理大数据，同时还可以提供实时数据分析、可视化、数据挖掘等功能。因此，云计算和大数据已经成为当今企业和组织必备的技术工具。它具有虚拟化技术、动态可扩展、灵活性高、性价比高、可扩展性等优点。对于AIGC产业来说，云计算的计算能力、资源整合能力和高可靠性都能帮助企业完成AI训练。云计算对训练大语言模型也发挥着至关重要的作用。以前，模型通常都在本地进行训练。现在，随着AWS和Azure等向用户提供访问强大计算资源的服务，研究人员和从业者可以根据需要创建大型训练所需的模型[②]。

---

① 成生辉. Web 3.0：具有颠覆性与重大机遇的第三代互联网 [M]. 北京：清华大学出版社，2023.

② CAO Y, LI S, LIU Y, et al. A comprehensive survey of ai-generated content(AIGC): A history of generative ai from gan to chatgpt[J]. arXiv preprint arXiv:2303.04226, 2023.

根据需要的不同，云计算提供的服务可以分为基础设施即服务(infrastructure-as-a-service，IaaS)、平台即服务(platform-as-a-service，PaaS)和软件即服务(software-as-a-service，SaaS)。2022年，全球云计算市场价值为4839.8亿美元，预计2023年至2030年将以14.1%的复合年增长率增长。由于云计算具备提高大型企业业务绩效的能力，加之企业对混合模式和Omni云系统以及现收现付模式的需求不断增加等因素，预计市场将持续增长。此外，由于企业需要改善数字活动，云服务在发展中国家将越来越受欢迎，政府为保护数据完整性和安全而开展的各项活动也有助于该行业的发展①。

中国在云计算方面发展快速。2014年后，国内云计算市场进入成熟阶段。在国家战略指引下，各地加紧部署云计算产业发展，迄今已有二十多个城市将云计算作为发展重点领域，并相继出台了产业发展规划和行动计划，例如北京“祥云”计划、上海“云海”计划、深圳“鲲云”计划、重庆“云端”计划、宁波“星云”计划、无锡“云谷”计划、苏州“彩云”计划、哈尔滨“云飞扬”计划、惠州“惠云”计划、广州“天云”计划、内蒙古“蓝天白云”计划等。目前，中国云计算产业生态链的构建正趋于完善，在政府的监管下，云计算服务提供商与软硬件服务商，网络服务商，云计算咨询规划、交付、运维、集成服务商，以及终端设备厂商等，一同构成了云计算的产业生态②。

二、大数据：训练的基础

何为大数据？1998年，美国硅图(Silicon Graphics)公司的科学家约翰·马西提出，数据的快速增长会使数据变得难以理解。马西因此使用大数据来描述这一挑战。随着计算机的不断迭代，“大数据”一词常被用于描述信息爆

---

① RESEARCH G. Cloud Computing Market Size, Share & Trends Analysis Report By Service(SaaS, IaaS), By Enduse(BFSI, Manufacturing), By Deployment(Private, Public), By Enterprise Size(Large, SMEs), And Segment Forecasts, 2023—2030[EB]. 2023.

② 刘甜甜，张清，岳强，等. 云计算产业发展现状和趋势分析 [J]. 广东通信技术，2015，(35): 6-12.

炸导致的海量信息。从技术设施的角度来看，大数据的特点是以云计算为代表的底层架构允许并行计算，从而实现数据分析的扩容①。大数据的特征，可以用四个“V”来解释②。

1. 海量(volume)

据估计，我们每天会创造2.3万亿GB的数据，而且数据量呈现增长的趋势，增长的原因之一是庞大的移动电话网络。随着业务量的快速增长，行业内对数据库管理系统和IT员工的需求也会随之增加，预计未来几年将创造数百万个新的IT工作岗位，以适应大数据的流动。

2. 多样(variety)

高速和可观的容量与数据形式的多样性有关，毕竟智能IT解决方案如今可用于医疗、建筑、商业等行业。例如，医疗保健系统的电子患者记录贡献了数万亿GB的数据；我们观看的视频、分享的帖子和发布的博客文章也是数据来源。未来，当世界各地都有互联网时，互联网的数量和种类将越来越多。

3. 速度(velocity)

几年前，从处理正确的数据到显示正确的信息还需要一段时间。如今，数据是实时可用的。这不仅是互联网速度提升的结果，也是大数据本身存在的结果。我们创建的数据越多，就越需要更多的方法来监控这些数据，而且监控的数据也会越多，从而导致一个恶性循环。

4. 真实性(veracity)

判断大数据的真实程度仍然是一个难点。数据很快就会过时，通过互联网和社交媒体共享的信息不一定是正确的，企业界的许多管理者和董事不敢

---

① 李扬，李舰. 数据科学概论[M]. 北京：人民大学出版社，2021.

② TRENDS M. The Four V’s of Big Data –What is big data?[EB]. https://www.analyticsinsight.net/the-four-vs-of-big-data-what-is-big-data/, 2021.

基于大数据做出决策。为此，数据科学家和IT专业人员全力组织和访问正确的数据。如果大数据以正确的方式被组织和使用，它在我们的生活中将会发挥很大的价值。

那么，如何在海量信息中找到合适的信息并加以处理呢？这就需要用到各种各样的数据挖掘和数据分析技术。由于数据量的增加，数据分析方法也应有所变化。对于大量的文本，大数据通常会使用自然语言处理技术，通过词袋模型、词频-逆文档频率和独热编码等技术进行文本分析，常见的应用包括问题分类方法和智能问答系统等。对于大量的图像，大数据则通常会使用图像分类、图像分割、目标检测等方法进行图像预处理，从而为计算机视觉技术的发展和应用铺路①。

三、机器学习：多线程学习的探索

机器学习主要研究通过计算机从数据中产生模型的算法，即学习算法。有了学习算法，我们就能把经验数据提供给计算机，让计算机基于数据产生模型②。机器学习的思路，和AIGC技术生成不同内容的思路一致。实际上，ChatGPT所使用的人类反馈强化学习，正是机器学习的一个研究方向。

传统的机器学习通常使用单个处理器在单个机器上进行训练。这种方法适用于处理小型数据集和模型，但不适用于处理大型数据集和复杂模型。在分布式训练中，训练工作量在多个处理器或机器之间分配，从而使模型能够更快地进行训练。一些公司还发布了简化深度学习堆栈的分布式培训过程的框架，这些框架提供工具和应用程序接口(API)，使开发人员能够轻松地将培训工作负载分布在多个处理器或机器上，从而助力AI更加高效地生成内容③。

根据QYR(恒州博智)的统计，2022年全球机器学习市场销售额达到155亿

① 徐小龙. 云计算与大数据[M]. 北京：电子工业出版社，2021.

② 周志华. 机器学习[M]. 北京：清华大学出版社，2016.

③ YANG L, ZHANG Z, SONG Y, et al. Diffusion models: A comprehensive survey of methods and applications[J]. arXiv preprint arXiv:2209.00796, 2022.

美元，预计2029年将达到1406亿美元，年复合增长率为37.3%。目前，机器学习的核心厂商包括IBM、戴尔、惠普、甲骨文和谷歌等，前五大厂商占有全球30%的份额。北美是全球最大的机器学习市场，占有接近40%的市场份额，其次是欧洲。按产品类型拆分，半监督学习是最大的细分市场，市场份额大约为35%，最大的应用市场是营销和广告①。

第三节 下游产业的繁荣

前文我们谈到了AIGC的上游、中游产业，但没有解答读者的疑问：AIGC到底是用来做什么的呢？它对普通人的生活又会造成怎样的影响？在这节中，我们将回答以下问题：AIGC的下游产业有哪些？这些下游产业又将如何促进社会和经济的繁荣？AIGC能够实现的社会愿景有哪些？普通人的生活会发生何种变化？

现在，市面上已经有许多AIGC产品开始向消费者提供服务。伴随着ChatGPT的爆火，未来将会有更多AIGC应用落地，让我们的生活更加丰富多彩。如图7.4所示，AIGC的下游产业主要涉及以下几个领域。

(1) 金融行业。AIGC可以帮助银行、保险公司等金融机构开展自动化风险控制、反欺诈监测、信用评估、投资组合优化等业务，提高机构的效率和准确性。

(2) 医疗行业。AIGC能够协助医疗机构进行医疗影像诊断、病历自动分类和归纳、药物研发等，提高医疗机构的诊断效率和治疗效果。

(3) 媒体行业。媒体可通过AIGC进行内容分析、用户分析、广告推荐等，提高企业的盈利能力。

(4) 广告行业。AIGC可以根据用户的行为和兴趣，自动生成广告创意和

① RESEARCH Q. 2023—2029 全球与中国机器学习市场现状及未来发展趋势 [EB]. 2023.

营销策略，从而更好地满足用户需求。

(5) 教育和培训行业。AIGC可以用于智能辅助教学、个性化教学等，帮助学生更好地理解和消化知识，提高学习效率。

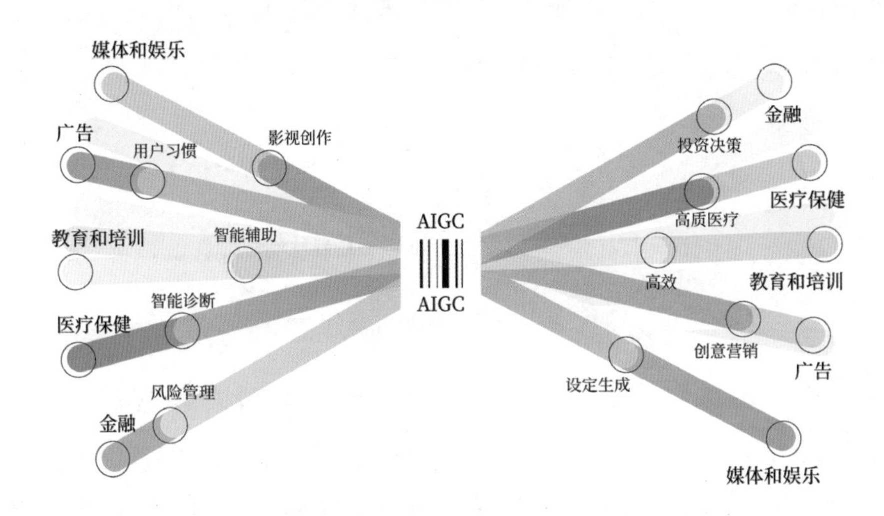

图7.4　AIGC 的下游产业涉及的领域

一、终端产品的打造

AIGC的下游建设主要服务于终端和企业的一些客户，具体包括一些行业需要的企业，需要创作和搜索服务的个人。

AIGC可以快速生成大量准确的内容，比人工创作更有效率、更准确，有效降低人力成本和时间成本；可以通过分析用户的兴趣、喜好等信息，根据用户的行为和反馈来优化内容生成，提高用户的体验和满意度；可以打破时间和空间限制，24小时不间断地生成内容，为用户提供更多的选择和便利。本节第四章、第五章和第六章已经介绍了AIGC的具体应用，这里不再赘述。

二、智能生态的构建

随着Web3.0、元宇宙等新兴概念的火热，许多人都在讨论AIGC技术能否和其他概念相结合，构造一个更加智能、更加美好的未来社会。我们将在第九章讨论AIGC技术和Web3.0、元宇宙的联系和发展，本节将从其他智能生态的角度出发，讨论AIGC技术对整个社会的影响。在AIGC生态构建中，我们不仅致力于推动区块链技术的发展，更重要的是想要通过建立完善的区块链生态系统，为各行业提供更加安全、高效、可信的服务和解决方案，促进经济发展和社会进步。同时，我们也将继续探索新的技术和应用领域，努力创造更加丰富多彩的数字化生活。我们相信，AIGC将成为推动区块链技术发展的重要力量，为构建美好的数字世界做出贡献。

1. 物联网

物联网(internet of things，IoT)被称为“万物相连的互联网”，它是在互联网的基础上充分利用智能嵌入技术、无线数据通信技术、无线射频识别技术(RFID)、遥感技术和微纳技术构建的智能网络。它是在互联网的基础上延伸和扩展的网络。它将各种信息传感设备与网络结合起来，最终实现“无处不联网”的愿景①。在当前的IoT生态系统中，各种设备和应用程序都在自己的平台或云中运行，它们与其他品牌的产品缺乏足够的兼容性。为了充分利用物联网的潜力，跨设备和跨平台的水平和垂直通信必不可少。

物联网为世界提供了更高水平的可靠链接。然而，它也有不少缺点。首先，物联网很容易受到网络攻击。由于这一概念较为新颖，缺乏安全标准，攻击者自然可以利用各种方式来攻击物联网。其次，随着世界数据总量的增加，传统的机器学习方法已经无法满足日益增长的数据总量需求。面对物联网技术发展遇到的瓶颈，AI技术在物联网技术中的应用受到了越来越多的关注，它的许多子技术，如神经网络、认知技术、AIGC等，都对物联网的发展有所帮助。

在物联网的网络安全方面，AI发挥了重要的作用。AI能够在每次获取新信息时调整自己的神经网络模型，正因为如此，人工神经网络能够进行可靠的入侵检测，并且在诸如DDoS(distributed denial of service，分布式拒绝服务攻击)之类的攻击中表现良好。此外，基于AIGC技术的聊天机器人现在也具

---

① 贾益刚. 物联网技术在环境监测和预警中的应用研究[J]. 上海建设科技，2010(6)：65-67.

有识别大规模无意义信息的能力，这将帮助企业和个人用户识别大规模的垃圾邮件和钓鱼信息[①]。

对于物联网无法认知非结构数据的特点，AIGC也可以通过针对性训练助力物联网进行物体识别。非结构化数据包括音频、图像和视频等，传统物联网在识别非结构化数据时的表现不佳，因此，在AI技术加持下的认知物联网，可以算作物联网的突破。它能够模仿人类进行理解、推理和学习，收集网络相关数据，找到其中的底层逻辑，并最终对物体进行识别。目前，一些AIGC技术已被纳入并应用于物联网场景。比如，在交通管理方面，AIGC可以生成不同天气、车流量等参数条件下的交通拥堵情况，最终给出优化的交通路线方案[②]。

2. 智能生活

随着人工智能的不断发展，它将不断改变普通人的生活。智能生态的构建将对普通家庭中的各种设备进行智能化升级，如智能家居、智能安防、智能健康等，从而帮助人们实现智能化、自动化、互联化的家居生活。

(1) 智能家居。人工智能可对家中的各种设备，如灯光、电器、空调等实施智能化控制。用户可以通过手机、智能音箱等设备控制家中设备，使家庭生活更加便捷、安全、舒适。举个例子，你对手机说需要打印某份文件，下一秒，你的人工智能助手就能帮你打印你要的文件。

(2) 智能安防，包括智能门锁、人脸识别、视频监控等。对于智能门锁系统可以通过手机等远程控制，用户也可以在家用语音进行控制，随时随地开启和关闭门锁。人脸识别系统可以识别家庭成员，用户可通过视频监控随时查看家中情况。智能安防系统也可以利用人脸识别技术对外来人员进行分析，保障用户的人身安全和企业财产安全。

(3) 智能健康，包括智能体重秤、智能血压计、智能健身设备等，可以帮

---

① KUZLU M, FAIR C, GULER O. Role of Artificial Intelligence in the Internet of Things(IoT) cybersecurity[J]. Discov Internet Things, 2021, 7. DOI: 10.1007/s43926-020-00001-4.

② GHOSH A, CHAKRABORTY D, LAW A. Artificial Intelligence in Internet of Things[J]. CAAI Transactions on Intelligence Technology, 2018, 3. DOI: 10.1049/trit.2018.1008.

助家庭成员进行健康管理。智能体重秤可以记录用户体重变化，智能血压计可以监测用户血压变化，智能健身设备可以为用户提供个性化的健身计划和指导。智能健康系统可以及时提醒不健康的家人，并给出治疗方法。比如，慢性病患者可以通过饮食来调理身体，智能健康系统可为患者做好饮食规划；对于突发急性病的患者，人工智能也可以及时做出反应，在紧急时刻自动拨打120。

3. 政务创新

2018年是“政务短视频元年”。政法委、共青团等多家政府部门入驻各大视频平台，发送视频与粉丝互动。仅2018年一年，各级政府部门就开设了官方抖音账号5724个，抖音视频总发布量为25.8万个。不少账号因为入驻早、爆款多，目前已成为流量大户[①]。

与传统的公文相比，短视频有短、平、快的特点，能够更加快速地吸引年轻人的注意力，尤其是在网络用语和表情包的加持下，短视频显得更接地气，更加适应普通人的生活。

那么，AIGC技术能否在政务上有所创新？答案是肯定的。2022年，政协委员就以真人数字分身的形象亮相元宇宙论坛大会。未来，AIGC技术也许会和短视频平台合力，形成新型的网络政务平台，将国家的政策更好地带入普通人的生活[②]。

4. 舆情与媒体

随着新媒体时代的到来，各种自媒体如雨后春笋般出现在各大社交平台，随之而来的就是不计其数的假新闻。由于假新闻普遍具有夸大宣传的特点，它们反而会比真新闻更容易博人眼球，进而引发舆论浪潮。AIGC技术的

---

① 李本乾，吴舫. 人工智能时代：新兴媒介、产业与社会(第一辑)[M]. 上海：上海交通大学出版社， 2021.

② 优链时代. 全国首次！ 政协委员以真人数字分身形式亮相元宇宙论坛大会，燃爆现场气氛！ [EB]. https://www.bilibili.com/video/BV1QW4y1Y7Et/?spm_id_from=333.337.search-card.all.click&vd_source=f43625694503bebab77bfbdc02419050，2022.

应用，可以在一定程度上避免假新闻泛滥，维护良好的舆论环境。

那么，AIGC技术如何限制虚假新闻泛滥呢？识别假新闻的传统方法有两种：第一种方法是检测发布新闻的账号。如果有大量非官方认证的账号在短时间内发送大量相似的内容，那么就会被人工判定为具有发布假消息的嫌疑，随后交由人工审核并处理。第二种方法是封禁重复转发内容的机器人账户。

AIGC技术还可以通过更多方式识别假新闻。例如，密歇根大学的研究者使用自然语言处理技术中的语法结构、词汇选择和标点符号等功能来识别那些“标题党”新闻；半监督学习也可以被用来识别新闻中词语之间的联系，从而检测新闻的真实性。随着政府和企业对人工智能模型进行更多的训练，AIGC技术将在未来以更加高效的姿态，减少假新闻的出现①。

5. 数字医疗

科技走进了我们的生活，为我们带来了便利，同时也让医院变得越来越正规化、系统化。随着科技的进步，医院的硬件设施已经非常完善。这就引申出数字医疗这个概念，它不仅是将线下医院改为线上医院那么简单，它旨在结合现有的科技医疗水平，根据每个病人的身体数据，利用AIGC进行分析加工，为医师提供更好的治疗方案。

数字医疗可以根据用户实名登录、网上搜索、线上问诊、线下问诊、开方、出药等一系列过程，收集相关数据，对比相同案例，出具解决方案；也可以结合主治医师的经验，与全球顶尖医学人士进行联系，共同出具治疗方案。

数字医疗凭借其技术优势，有助于解决医患之间的信息不对称问题，简化就医流程，降低就医费用，改善就医体验，提高疾病诊断及患者管理效率。各地通过提供远程医疗服务，赋能平台或智能设备，能帮助更多的患者获取更有效的治疗服务，满足不同类型患者的服务需求，从而缓解医疗资源不均衡的问题。

---

① 李本乾，吴舫. 人工智能时代：新兴媒介、产业与社会(第二辑)[M]. 上海：上海交通大学出版社，2021.

当前，我国正处于实现“健康中国2030”战略目标的关键期，同时处于数字医疗发展的黄金时期。随着数字技术的不断迭代升级，数字医疗将继续快速发展，并加快提升渗透率，加速在医疗健康领域的普及。但我们也要清醒地看到，数字医疗发展存在一些问题，需要给予关注。目前，互联网医院需要有实体医疗机构作为依托，取得相关资质才可运营，而且相关业务和医师执业受限，主要提供咨询、复诊等服务，定价较低，利益分配机制缺位，导致医生和医院的积极性不足，潜力尚未被充分挖掘。要破解此问题，构建数字医疗的激励机制甚为必要。

AIGC的生态建设已成为趋势，随着AIGC技术的不断创新和发展，其生态体系将不断完善和丰富，同时也将面临一些挑战和风险。AIGC的生态发展充满了机遇和挑战，需要政府、产业、技术等多方面共同努力和协作，以推动其健康、快速、可持续发展。

第八章 AIGC的挑战与监管

在 2019 年腾讯诉上海盈讯公司著作权侵权一案中，法院认定腾讯为 AI 生成的作品贡献了独创性，据此判定腾讯为 AI 作品的所有者，这为 AIGC 的监管提供了具有借鉴意义的案例。AI 生成的作品是否应该受到法律保护？谁应该被认定为创作者？谁应该拥有其生成的作品的所有权……这些问题在过去的几年里被世界各地的法律界、学术界人士和政府机构积极讨论，但在政策层面，对于版权保护对象是否应该包括 AI 生成的作品，目前仍未达成共识。

第一节　AIGC 的阿喀琉斯之踵

毫无疑问，AIGC在过去几年取得了重大技术进展。当一项变革性的技术出现时，市场往往对其潜在的应用和未来的增长过度乐观，这一规律也适用于AIGC。过去两年，风险投资(venture capital，VC)对AIGC相关领域的投入显著增长，“AIGC可能是下一个泡沫”的言论也随之出现。目前大多数AIGC工具是娱乐性的，而不是实用性的。例如，文本到图像生成模型很有趣，但人们不清楚它如何才能产生收入，这为预测AIGC技术的发展带来了一定的困难。

一、当前的不足

尽管AIGC在各领域的内容生成方面取得了显著成功，但在实际应用中仍然面临许多挑战。除了需要大量的训练数据和资源，AIGC还存在许多不足之处，具体体现在以下几个方面。

1. 硬件

大规模预训练模型的硬件问题主要体现为计算能力不足。计算能力不足是因为模型变得越来越复杂，致使参数的数量和计算的复杂程度呈指数级增长，导致硬件性能无法满足需求。

在实践中，训练大规模预训练模型需要高性能计算设备，如GPU和TPU。然而，即使有这些专用芯片，也很难满足超大规模预训练模型的训练和推理需求。例如，语言模型的预训练GPT-3需要在具备2048个CPU和2048个GPU的超级计算机上完成，且需持续320万个小时，模型运行一天的成本为4000美元左右。

2. 推理

推理是人类智能的重要组成部分，它使人类能够做出决定，解决复杂的问题。然而，即使采用大规模的数据集进行训练，模型仍然会在常识性推理任务中失败。

释义 8.1：常识性推理

常识性推理(commonsense reasoning)是指 AI 所具有的类似于人类思维的推理能力，这种能力使AI能对人类每天遇到的普通情况的类型和本质进行推测。

3. 扩大规模

扩大规模一直是大规模预训练中的一个常见问题，模型训练总是受到计算预算、可用数据集和模型规模的限制。随着预训练模型规模的增大，训练所需的时间和资源也大大增加。这给那些试图利用大规模预训练完成各种任务的研究人员和组织带来了挑战。

另一个问题涉及大规模数据集的预训练效果。没有经过深思熟虑设计实验超参数，可能会因模型和数据量过大或过小导致无法产生最佳结果。因此，不理想的超参数会导致资源浪费，且无法通过进一步的训练达到预期的效果。

4. 特定领域的难题

AIGC依赖于基础模型，这些模型在不同的数据集上进行训练，包括基于爬网的数据集和精心策划的数据集。不同的领域需要独特的AIGC模型，而每个领域都面临独特的难题。例如，从文本到图像的AlGC工具Stable Diffusion，偶尔会输出与用户期望相差甚远的结果，可能会把人画成动物，也可能把一个人画成两个人。此外，ChatBot偶尔也会犯事实性错误，输出的答案存在与事实明显相违背的情况。

二、未来的发展

目前，AIGC尚处于早期发展阶段，未来仍有巨大的发展空间。下面，我们将从更加灵活的控制、思维链、伸缩法则与持续和再训练四个方面阐述AIGC的发展趋势。

1. 更加灵活的控制

在未来，AIGC将实现更加灵活的控制。以图像生成为例，早期AI基于生成对抗网络(GAN)模型可以生成高质量的图像，但几乎无法控制。此后基于大型文本和图像数据训练的扩散模型能够通过文本指令进行控制，这有利于生成更符合用户需求的图像。目前，文本和图像模型仍然需要更加精细的控制，以便用户能以更灵活的方式生成图像。

2. 思维链

释义 8.2：思维链

思维链(chain-of-thought，CoT)是自然语言处理中使用的一种语言提示技术，它涉及推理链的生成和完善，可以更好地促进语言理解和生成。

最近，越来越多的研究人员开始关注推理问题。未来思维链将成为解决生成式AI模型推理难题的有效方案，它的目的是提高大型语言模型在回答问题时学习逻辑推理的能力[①]。

思维链可通过解释人类得出模型答案的逻辑推理过程，提取人类处理推理问题的方法。通过纳入这种方法，大型语言模型可以在需要逻辑推理的任务中表现更好。思维链也被应用于其他领域，例如视觉语言问题回答和代码生成。然而，如何根据具体任务构建思维链提示仍然是一个有待解决的问题。

---

① WEI J, WANG X, SCHUURMANS D, et al. Chain of thought prompting elicits reasoning in large language models[J]. arXiv preprint arXiv:2201.11903, 2022.

3. 伸缩法则

Hoffmann等人根据参数的数量和数据集的大小提出预测模型性能的伸缩法则，该法则为理解模型大小和数据量的关系提供了一个有用的框架[①]。

释义 8.3：伸缩法则

“伸缩法则”(scaling law)是科学和工程学领域的一个概念，它是指根据规模(大小)而发生巨大变化的变量。当增加参数数量、扩大数据集规模、延长模型训练时间时，大语言建模的性能就会提高。

Aghajanyan等人验证了Hoffmann的伸缩法则，并提出一个公式，探讨了多模态模型训练中不同训练任务之间的关系[②]。

这些发现为降低大规模模型训练的复杂性以及解决在不同训练领域优化性能差别的问题提供了宝贵的见解。

4. 持续和再训练

人类知识库不断扩大，模型面临的新任务也随之涌现。要确保模型能够生成包含最新信息的内容，不仅需要其记住所学知识，还需要其能够从新获取的信息中进行学习和推理。对于某些场景，在保持训练基础模型不变的情况下，使模型持续学习即可。

但模型持续学习并不总是优于再训练模型，因此需要把握时机，在恰当的时间制定持续学习或再训练模型的策略。此外，从头开始训练基础模型会让人望而却步，因此AIGC下一代基础模型的模块化设计应着重阐明模型需要重新训练的部分。

---

① HOFFMANN J, BORGEAUD S, MENSCH A, et al. Training compute-optimal large language models[J]. arXiv preprint arXiv:2203.15556, 2022.

② AGHAJANYAN A, YU L, CONNEAU A, et al. Scaling Laws for Generative Mixed-Modal Language Models[J]. arXiv preprint arXiv:2301.03728, 2023.

第二节　法律监管与问题

AIGC技术的应用需要大量使用原材料，这些原材料的版权在法律上没有清晰的界定。虽然AIGC生成的内容看似是全新的，但实际上在新内容生成过程中会使用原作者的素材、风格、结构等元素，因此会存在版权纠纷。

赞成版权保护和监管的人已经提出了不同的所有权分配方案，例如将作者身份和初始所有权分配给AI的开发商、AI的使用者，甚至是AI本身。目前关于AIGC的法律监管存在以下两种主流观点。

第一，对于AI自主生成的作品，不需要给予版权保护，也不需要进行法律监管。

第二，为这类作品提供版权保护会增加开发复杂AI技术的动力，并最终促使更多的原创作品进入公众视野。

一、谁是版权所有者

AIGC技术生成的内容包括但不限于音乐、图像、视频和文章等，这些内容的创作均不需要人工介入，引发了版权侵犯和归属的问题。2022年2月，OpenAI发布了深度学习模型DALL-E算法生成的图像，在社交媒体上引起了轰动。由于这些图像是由AIGC技术生成的，存在版权归属问题。

如图8.1所示，针对AI生成的作品，大多数国家与地区在其版权法中没有像英国和英联邦司法管辖区那样提出计算机生成作品法案。在美国和大多数欧洲国家，AI生成的作品可能由于缺乏人类的创造力而不受版权保护。

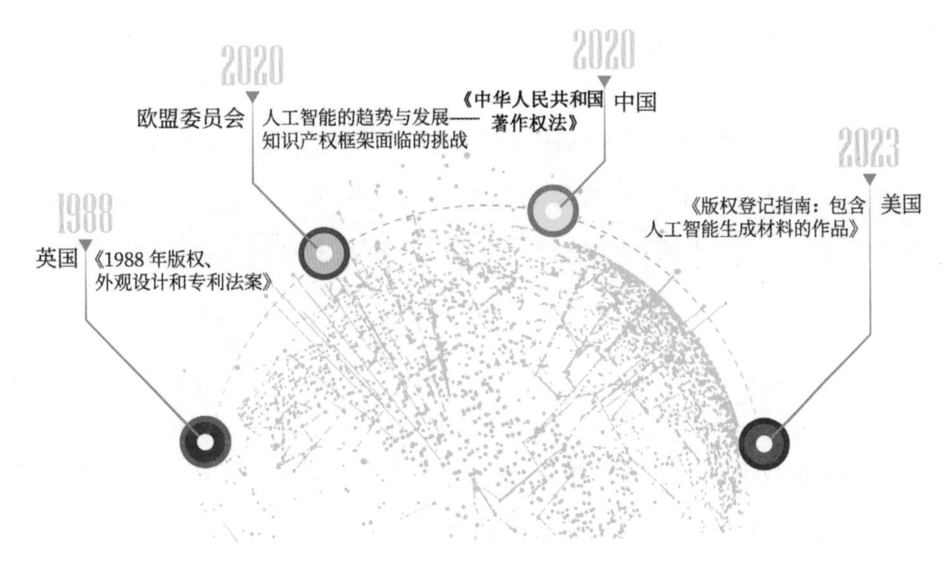

图8.1 不同国家 AIGC 作品版权保护法案

英国早在《1988年版权、外观设计和专利法案》(*Copyright, Designs and Patents Act* 1988)中指出，完全由计算机生成的作品能获得版权，且作品的保护期为70年。

欧盟委员会于2020年发布的报告《人工智能的趋势与发展——知识产权框架面临的挑战》(*Trends and Developments in Artificial Intelligence–Challenges to the Intellectual Property Rights Framework*)提出，机器人制作的受版权保护的作品需为自主智力创作(own intellectual creation)。

中国于2020年第三次修正的《中华人民共和国著作权法》将作品满足“自然人、独创性”的要求，作为判断AI生成作品获得版权资格的关键因素。

美国版权局于2023年发布的《版权登记指南：包含人工智能生成材料的作品》(*Copyright Registration Guidance:Works Containing Material Generated by Artificial Intelligence*)以AI生成作品的“独创性”为判断依据，当且仅当AI生成作品满足“作者的创造性想法、由作者赋予表现形式”的要求时，才会获得版权法的保护。

二、技术的 B 面：道德与滥用

人们围绕不良行为者借助AI破解外部软件这一现象进行了大量讨论，但讨论较少的是AIGC技术本身被黑客攻击的可能性，即不良行为者可以通过一些被视为权威的渠道传播错误信息。此外，AIGC本身带来的道德和伦理问题也逐渐暴露在聚光灯下。

1. 道德的争论

在训练ChatGPT这类模型时，由于数据的多样性，在人口代表性、性别平衡和文化多样性等方面可能会存在问题，这将导致它生成带有种族和性别歧视倾向的答案，这一现象带来了道德争论。

美国密歇根州立大学的研究人员发现AIGC技术存在歧视性。企业在招聘过程中使用AIGC技术筛选应聘者时，可能会导致某些群体被排除在外；来自内盖夫本-古里安大学和加拿大西部大学的研究人员发现，AI倾向于夸大微笑对成年人脸部的老化影响；AI绘画软件DALL-E2生成的图像会强化刻板印象和偏见，比如当用户输入“CEO”和“律师”等关键字时，DALL-E2会生成更多男性和白人等人像。

2. 不法分子的滥用

编写道德准则的生成式AI也可以编写恶意软件。虽然ChatGPT已采取措施识别并避免回答带有政治色彩的问题，并拒绝回应它认为是明显非法或恶意的提示，但用户可以轻易避开其防护。如果AI被黑客攻击和操纵，提供看似客观但实际上藏有偏见或扭曲观点的信息，那么AI可能会成为危险的宣传机器。

恶意黑客可能会要求ChatGPT生成用于渗透测试的代码，然后对其进行调整并重新用于网络攻击。

论坛Reddit的一个成员攻击ChatGPT使其扮演名为DAN(“现在做任何事”的缩写)的虚构AI角色，这一角色可以在没有道德约束的情况下响应用户的任何查询。

受损的ChatGPT传播错误信息的能力令人担忧，这需要政府加强对高级AI工具和OpenAI等公司的监督管理。

3. 政府仍需进一步加强监管

随着AIGC技术的发展，它带来的风险逐渐增多，因此需要政府加强监管，并确保推出AIGC产品的公司定期审查其安全功能，减少其被黑客攻击的风险。同时，新的AI模型在开源之前应设定最低限度的安全门槛，以确保模型本身的安全。

2021年，美国联邦贸易委员会发布了一份关于AIGC技术算法公正性的报告。该报告指出，AIGC技术算法存在歧视和不公正等问题，并提出了一些解决方案。

2022年，美国政府发布了《AI权利法案蓝图》(*Blueprint for an AI Bill of Rights*)，该文件提供了一个重要框架，让政府、科技公司和民众可以共同努力，确保AI更加负责任。

三、数据隐私问题

AI驱动的数字体验平台Coveo的机器学习总监Mathieu Fortier表示："虽然AI语言模型通过训练数据构建了丰富的内在知识存储库，但它们没有明确事实的概念，容易遭受到安全漏洞的影响。"

1. 隐私保护缺失的危害

AIGC技术需要大量的数据支持，而海量的用户数据往往会带来一些隐私和安全问题。AIGC技术亟待解决的问题是如何处理个人数据。在AI系统收集和处理数据的过程中，这些信息可能会因故意或意外泄漏，导致用户身份被窃用、金融欺诈和其他形式的数据滥用。

此外，随着AI系统变得更加复杂和自主，网络攻击的风险也将随之增加，恶意行为者可能会控制AI系统，做出对个人或整个社会有害的行为。

2. 轻易点击带来的安全隐患

AIGC技术的迅速发展为黑客攻击网络创造了机会。黑客可以通过传播具有误导性的促销广告、电子邮件和公告，利用恶意软件和网络钓鱼链接感染下载垃圾程序的用户，从而盗取用户个人信息。如果没有适当的安全教育和培训，用户可能会在不经意间将敏感信息置于风险之中。

2023年3月，伪造的ChatGPT Chrome扩展每天窃取2000多名Facebook用户的个人凭证。

数据安全供应商Cyberhaven的研究显示，这家拥有10万员工的公司在一周内向ChatGPT输入199次机密商业数据。

释义 8.4：API

API(application program interface)，即应用程序接口，它是一组定义、程序及协议的集合，通过 API 可实现计算机软件之间的相互通信。

Forrester的分析师预测，攻击者可能会使用AIGC技术来发现API的独特漏洞。从理论上讲，攻击者能够提示ChatGPT审查API文档、汇总信息，更高效地发现和利用缺陷。据API安全公司Salt Security的研究人员称，2022年下半年，针对客户API的攻击数量增加了87.4%。

3. 网络黑客——AIGC最危险的敌人

精通代码生成的AIGC编程工具不会生成它认为是用于实现黑客目的的恶意代码，其目的是“在遵守道德准则和政策的同时，协助用户完成有用且符合道德的任务”，但黑客依然能诱使AIGC生成代码。事实上，黑客早已在为此谋划。

黑客可以利用Python、Javascript和C语言要求ChatGPT创建恶意软件来检测敏感的用户数据，侵入目标的计算机系统或电子邮件账户，以获取重要信息。

以色列安全公司Check Point在一个地下黑客论坛上发现了来自黑客的帖子，该黑客声称正在测试聊天机器人以重新创建恶意软件病毒。

黑客利用AIGC技术可以在几分钟内生成数百封连贯、令人信服的网络钓鱼电子邮件，系统以及用户很难识别。

4. 国内外政府对于数据安全的保护措施

在AIGC迅速发展的情况下，AIGC所带来的数据安全风险不容忽视。自2017年起，中国陆续出台和实施《中华人民共和国网络安全法》《中华人民共和国数据安全法》《中华人民共和国个人信息保护法》等相关法律法规。

2021年，美国加利福尼亚州通过了《加利福尼亚隐私权法》(*California Privacy Rights Act*)。该法案旨在保护消费者的数据隐私，并规定了企业需要采取哪些措施来保护消费者的数据隐私。2022年，英国政府发布了一份关于AIGC技术数据隐私保护的指南。该指南旨在帮助企业采取措施来保护消费者的数据隐私，并规定了企业需要遵守的法律法规。

第三节　产业影响与人员转型

目前，AIGC在图像、文本和音频领域取得了巨大成功，这些领域具有一定的容错性。在相对高风险的领域应用AIGC仍然具有挑战性，例如医疗保健、金融服务、自动驾驶汽车和科学研究等，因为这些领域需要高度的准确性、可靠性、透明度，以及较低的容错性。

例如，用于自动组织科学的大型语言模型Galactica，可以执行知识密集型的科学任务，并在一些基准任务上有很好的表现[1]。但它的公开演示发布

① TAYLOR R, KARDAS M, CUCURULL G, et al. Galactica: A large language model for science[J]. arXiv preprint arXiv:2211.09085, 2022.

仅三天就被删除，原因是人们对它生成的有偏见和错误的结果进行了强烈批评。

下面我们将从AIGC的产业落地、AIGC对人力资源市场的冲击和普通员工应如何应对AIGC带来的职业危机三个方面来详细介绍AIGC的产业影响及其带来的人员转型需求。

一、AIGC的产业落地

自2022年以来，AIGC在社交媒体上成为热点。但如果AIGC不能应用于工业来证明它的价值，它的热度将会降低。如图8.2所示，本小节将从新闻媒体、代码开发、游戏和元宇宙、广告、教育、电影、音乐、绘画、手机应用程序和功能以及其他领域的视角来讨论AIGC如何实现产业落地。

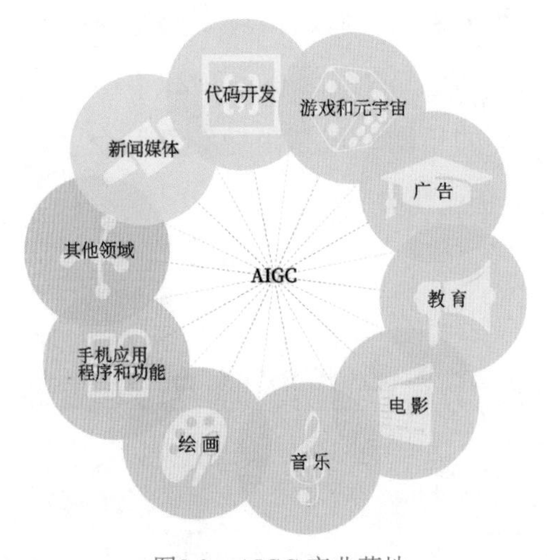

图8.2　AIGC 产业落地

1. 新闻媒体

采用AIGC技术，可使媒体报道的内容和方式更加多样化，改变媒体的生产模式和组织结构[①]。传统媒体依靠记者来撰写文章和报道，这需要耗费大量

① ZHANG W. Application and development of robot sports news writing by artificial intelligence[C]//2022 IEEE 2nd International Conference on Data Science and Computer Application(ICDSCA). [S.l. : s.n.], 2022: 869-872.

的精力和时间。AIGC技术的应用可以使新闻业提高效率和反应速度，从而促进新闻业的发展。

美联社应用AIGC技术，每年可生成40 000个故事，使其关于公司收益的文章从1200篇增加到14 800篇。

洛杉矶时报新闻的机器人记者Quakebot在洛杉矶地震发生后只用了三分钟就完成了一篇相关报道。

新华社3D版AI新闻主播新小微可以从多个角度全方位呈现新闻事件，大大提升了新闻播报的立体感和层次感。

腾讯开发了一个名为“聆语”的AI手语主播，使用AIGC技术进行3D数字人体建模、机器翻译、图像生成和语音文本转换。

AI新闻主播的出现是AIGC技术与媒体深度融合的结果，AI新闻主播与真人主播相结合，可使信息传播的方式更加多样化①。AIGC不仅促进了媒体的多样性，使媒体从业者的工作更加高效，还为观众带来了更好的体验。

2. 代码开发

AIGC技术为代码开发领域做出了杰出的贡献，它可以在不需要人工编码的情况下创建代码②，实现了代码开发的自动化与便利化。

代码审查工具DeepCode可以协助代码重构，在不改变其原始功能的情况下改进现有代码，从而缩短开发人员的工作时间。

GitHub和OpenAI联合开发的AI编程工具Github Copilot，让用户可以使用软件开发工具自动生成代码。

OpenAI开发的开源代码生成模型CodeGPT，可以在多种编程语言中生

① XUE K, LI Y, JIN H. What Do You Think of AI? Research on the Influence of AI News Anchor Image on Watching Intention[J]. Behavioral Sciences, 2022, 12(11): 465.

② SUN J, LIAO Q V, MULLER M, et al. Investigating explainability of generative AI for code through scenario-based design[C]//27th International Conference on Intelligent User Interfaces. [S.l. : s.n.], 2022: 212-228.

成、解释、重构和文档化代码片段，完成诸如代码自动生成、代码格式化等任务。它还可以集成到代码编辑器和集成开发环境 (integrated development environment，IDE) 中，为开发人员提供人工智能辅助编码功能。

编程学习平台CodeParrot，可在用户编码过程中提供个性化的反馈和帮助。

基于AI的编程系统一般能够完成代码生成、源代码到伪代码的映射、程序修复、API序列预测、用户反馈和自然语言到代码生成等任务。强大的实验室信息管理系统(laboratory information management system，LIMS)的出现将基于AI的编程边界向前推进了一大步。

3. 游戏和元宇宙

如今，“元宇宙”一词已成为热门词汇，在现实世界中，游戏所创造的虚拟世界是通往元宇宙的门户①。大多数用户可能不会对游戏和元宇宙中流水式的内容产生共鸣，但其个性化的内容会给用户带来更好的体验②。通过应用AIGC技术，用户不仅可以定制头像，而且能够感受多样化的场景和故事情节，体验身临其境的感觉。

由GPT-3模型驱动的游戏《地下城》允许用户生成一个由文本导航的开放式故事，并不断生成新事件作为对用户不同行为的回应，从而创造出独一无二的游戏体验。

游戏《地平线世界》利用AIGC技术，使玩家徜徉在与内容消费和创造有关的虚拟世界中。玩家可以根据个人需要，设计独特的场景。

在视觉小说游戏《旅行者》中，玩家能接触到黑暗的森林、繁华的城市等场景。这些华丽的视觉效果和让人身临其境的场景，都是运用AIGC技术制作的。

---

① NING H, WANG H, LIN Y, et al. A Survey on Metaverse: the State-of-the-art, Technologies, Applications, and Challenges[J]. arXiv preprint arXiv:2111.09673, 2021.

② RATICAN J, HUTSON J, WRIGHT A. A Proposed Meta-Reality Immersive Development Pipeline: Generative AI Models and Extended Reality(XR)Content for the Metaverse[J]. Journal of Intelligent Learning Systems and Applications, 2023, 15.

4. 广告

AIGC已经改变了广告业，为广告商提供了强大的创新工具①。例如，与AI原则相一致的创意广告系统(CAS)，可用于广告的生存和创意测试；个性化广告文案智能生成系统(SGS-PAC)，可以自动生成个性化的广告内容，以满足消费者的需求；智能系统Vinci，可根据用户输入的产品图片和标语生成令人满意的海报；基于AIGC技术的工具Brandmark.io，可依据用户的喜好和规格为企业自动生成商标。

总体来说，AIGC的应用可使广告商在节省时间和资源的同时，大规模地创作高度个性化和极具吸引力的内容，从而与消费者产生共鸣。

5. 教育

AIGC技术通过协助教学和学习来改变教育范式。AIGC技术在教学中具有变革性的潜力，相关应用已经开始影响学生的学习方式②。如图8.3所示，AIGC技术可以为教育行业带来以下好处。

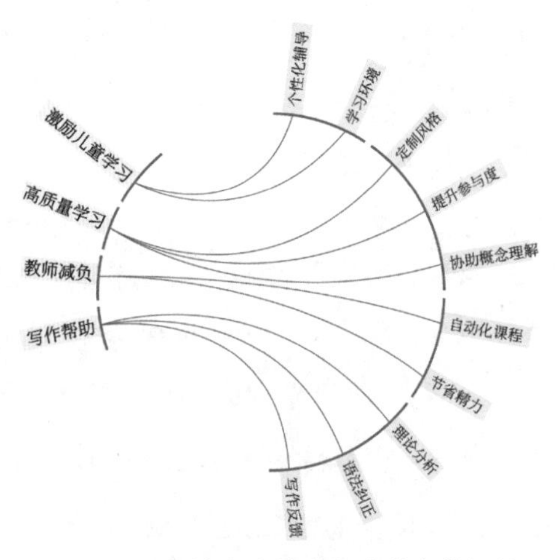

图8.3 AIGC 技术为教育行业带来的好处

---

① GUO S, JIN Z, SUN F, et al. Vinci: an intelligent graphic design system for generating advertising posters[C]//Proceedings of the 2021 CHI conference on human factors in computing systems. [S.l. : s.n.], 2021: 1-17.

② BAIDOO-ANU D, OWUSU ANSAH L. Education in the era of generative artificial intelligence(AI): Understanding the potential benefits of ChatGPT in promoting teaching and learning[J]. Available at SSRN 4337484, 2023.

(1) 激励儿童学习。AIGC可为儿童提供独特的教学产品，营造有趣且轻松的学习环境，吸引他们的注意力并起到激励儿童学习的作用。

(2) 提升高校学生学习质量。在高等教育中，AIGC可根据不同学生的需要定制学习材料，提高学生的学习效率。

(3) 减少教师负担。AIGC可以自动创建和更新课程，能够节省教师的时间和精力，减少教师的工作量，使其腾出时间来提高学术生产力或发展教学技能。

(4) 帮助学生成为更好的写作者。AIGC能够帮助学生理解专业概念，纠正语法错误并提出改进建议，为学生提供写作反馈，提高其写作能力。

6. 电影

释义 8.5：视觉特效

视觉特效(visual effects，VFX)是一种使用计算机技术和软件工具来创造电影和电视节目中不存在的视觉效果的技术。

AIGC技术影响了电影创作的每一个环节，基于计算机应用环境的发展，可将其应用于电影编辑、视频检索等。此外，视觉特效(VFX)、音响效果(SFX)以及新的观看平台，都为观众创造了新的观影体验[①]。

释义 8.6：音响效果

音响效果(sound effects，SFX)是指专为配合戏剧演出所设计、配置的种种音响。它可以艺术地再现自然界(如鸟叫、风雨、雷电等)和社会生活(如放枪炮、开动机器、鸣汽笛、撞钟等)以及精神领域出现的纷繁复杂的音响现象，多用于电影、电视节目、现场表演、动画、视频游戏、音乐或其他媒体艺术。

4K、IMAX和3D电影和动画都深受AIGC的影响，AIGC在字幕、配音、色调等方面的应用也极大地促进了电影业的发展。

---

① MOMOT I. Artificial Intelligence in Filmmaking Process: future scenarios[J]. 2022.

例如，在《银翼杀手2049》和《双子杀手》等电影中，视觉特效团队利用动作捕捉技术记录主角的面部数据，重建其3D面部数据来完成角色的面部年龄重构；JasperAI和ScalenutAI在存储和计算大量数据后，对旧剧本重新加工，导演和编剧在此基础上分析并改进，从而创作理想的剧本；融合了AIGC技术的调色工具ColourlabAI和视频编辑工具Descript，提升了用户体验。

7. 音乐

AIGC技术与音乐的融合使业余音乐家可以借助尖端技术来提升创作水平[①]。AIGC不仅能够生成文本，还可以创作配乐和旋律，许多专家、研究人员、音乐家和唱片公司都对此进行了探索。谷歌的Magenta项目利用AI和机器学习为原创歌曲谱曲；DeepMind的研究人员成功利用AIGC技术实现了从文本到语音的转化；利用索尼的CSL流媒体工具，音乐家可以根据自己的想法制作原创音乐；用户选定风格后，可使用音乐创作工具AIVA修改曲调、节奏，创作独一无二的音乐；基于ios的工具Amadeus Code，基于云平台的Amper、Ecrettt Music等其他应用的出现也对音乐产业产生了重大影响。

8. 绘画

AIGC技术可以分析图像并生成图案和纹理，用户可应用这些图案和纹理来创作独特而精美的艺术作品。从提供自动绘画工具到鼓励创造性实验，AIGC正在以多种方式革新绘画行业。

AIGC技术能够分析和修复损坏的艺术品。它通过算法来检测和去除艺术品的灰尘、划痕和其他缺陷，使修复人员更容易将艺术品恢复到初始状态。AIGC技术还可以协助多个艺术家一起创作绘画作品，分析每个艺术家的画风，生成融入所有艺术家元素的作品，逐渐开启协作艺术的新时代[②]。

---

① YANG T, NAZIR S. A comprehensive overview of AI-enabled music classification and its influence in games[J]. Soft Computing, 2022,26(16): 7679-7693.

② CHANG R, SONG X, LIU H. Between Shanshui and Landscape: An AI Aesthetics Study Connecting Chinese and Western Paintings [C]//HCI International 2022 Posters: 24th International Conference on Human-Computer Interaction, HCII 2022, Virtual Event, June 26-July 1, 2022, Proceedings, Part III. [S.l. : s.n.], 2022: 179-185.

9. 手机应用程序和功能

编辑图像和视频十分耗时，利用AIGC技术来编辑图像和视频[1]，可使面部交换、声音转变和数字形象成为可能。

应用VanceAI、VoilaAI Artist和Face App可以在几秒内将用户的脸与他人交换，与传统的PS技术相比，这种方法使用起来更加方便、快捷。

实时语音修改应用程序MagicMic和Voicemod利用AIGC技术调整音调、音色、语速和其他特征，从而改变人声。

以iPhone的Memoji和小米的Mimoji为代表的第二代数字形象技术支持个性化定制。用户创建数字形象后，不仅可以跟踪它们的面部动作，还能使其与用户本身相似。

10. 其他产业

除了上述产业外，AIGC有望落地更多的产业，如图8.4所示。

例如，一种新药需要花费30亿美元和10年以上的时间才能被市场接受，使用AIGC可以加速药物研发过程。

DeepMind于2018年创建的Alpha Fold可以用来预测蛋白质的结构，这被认为是基础生物学研究的一个里程碑。由Justas Dauparas设计的Protein MPNN可以为特定任务设计蛋白质序列，在短短几秒内迅速生成全新的蛋白质。

除了直接利用生成的内容，AIGC还可以帮助多个领域的工作者提高工作效率。

---

① ARGAW D M, HEILBRON F C, LEE J Y, et al. The anatomy of video editing: A dataset and benchmark suite for ai-assisted video editing[C]//Computer Vision-ECCV 2022: 17th European Conference, Tel Aviv, Israel, October 23-27, 2022, Proceedings, Part VIII. [S.l. : s.n.], 2022: 201-218.

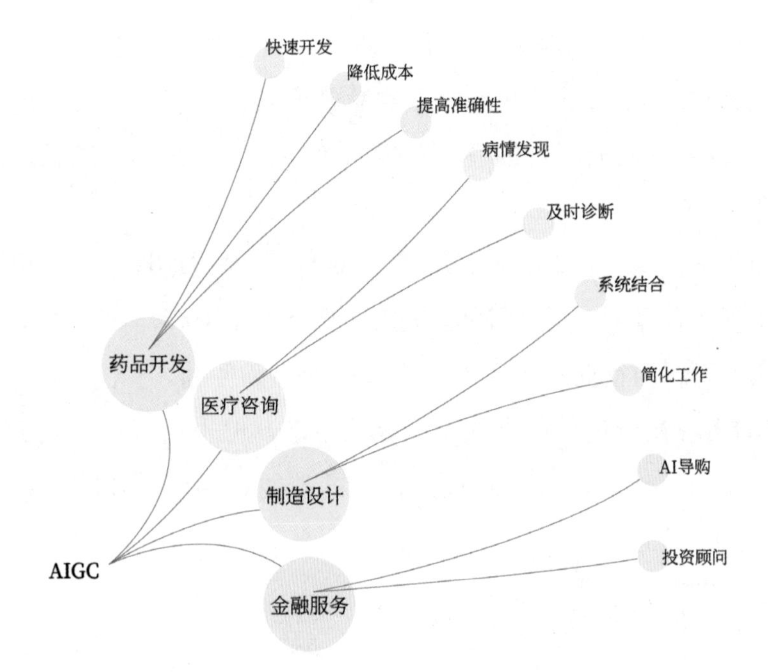

图8.4 AIGC 在更多产业的应用

在医疗咨询中，病人可以依靠聊天机器人获得基本的医疗建议，当病情严重时才需要求助于医生。

将AIGC与计算机辅助设计系统结合起来，可以最大限度地减少重复性工作，使设计师可以专注于更有意义的部分。

亚马逊、京东等电子商务平台可以利用AI驱动的客户服务为客户提供导购服务，从而为企业节省成本。

金融公司可以利用虚拟投资顾问为客户提供证券开户、投资咨询和其他相关服务。

二、AIGC对人力资源市场的冲击

AIGC引发的技术革命势不可当，一旦AIGC技术在各个产业落实，将对人力资源市场的普通员工造成不小的冲击。

1. 传统内容制作行业面临挑战

随着AI技术的快速发展，AIGC的应用也越来越广泛。AIGC涉及许多领域，从新闻报道、广告文案编辑到代码编写、音乐制作乃至专业论文撰写，AIGC都可以通过算法自动分析数据、语言和语境，生成用户可理解的内容。此外，AIGC也可以根据用户的喜好和需求个性化定制内容，从而提高用户的体验和满意度。

以新闻报道为例，AIGC通过数据分析和自然语言处理技术，可以快速生成各种类型的新闻稿件，包括新闻报道、社论、评论等，比人类记者更具效率和准确性，为新闻行业带来了前所未有的效率和便利。

AIGC的出现在一定程度上改变了行业生态，但也使得从业人员面临愈发严重的竞争压力，他们需要不断提升自己的技能和知识，才能在这个竞争激烈的市场中保持优势。

2. 人力市场的新机遇

虽然AIGC可以完成大量的内容生成工作，但是在实际应用中，仍然需要人类来编写程序、监督生成内容的质量和完善自动生成的内容。此外，由于AIGC可以通过自我学习和数据分析技术不断优化生成能力，AIGC生成的内容可能涉嫌侵犯他人的版权或引发道德争议。

为了避免这种问题的出现，应用AIGC技术时应实行人力监管。值得注意的是，使用AIGC技术能降低产品价格，促使各行各业(例如教育和医疗)的消费者获得相关产品和服务的机会增加，从而推动产品和服务需求的增长，这将为人力资源市场带来更多的就业机会。

三、普通员工应如何应对AIGC带来的职业危机

1. 就业的前景

随着AIGC技术在内容创作领域的广泛应用，一些传统的工作岗位可能会被替代或减少人力需求，从而对相关员工的就业前景产生影响。

首先，一些传统工作可能会受到AIGC技术的影响。例如，天气预报、股票行情分析等简单、标准化的内容可以由AIGC自动生成，从而减少对相关人员的需求。

其次，市场研究、调查分析等需要大量数据分析和整理的工作，也可能会受到AIGC技术的影响。AIGC技术可以通过自动化和智能化的方式生成市场研究报告，从而减少相关岗位对从业人员的需求。一些从事简单的图文设计、排版和格式化等工作的岗位也会受到影响。

总体来说，那些从事内容重复性高、技能需求低的工作的员工，可能将要面临就业岗位减少、人力需求下降的风险，这些员工可能需要考虑转行或者学习新技能，以适应新时代的职场需求。

2. 未来的技能要求

AIGC技术在短时间内可以完成大量的工作，因此许多传统的工作岗位尤其是那些工作内容重复性高的工作岗位，都有可能被AIGC所替代。这意味着许多人将面临失业的风险，需要寻找新工作或者学习新技能和新知识，以适应职场的需求和挑战。

如图8.5所示，普通员工可以从内容生成和编辑、数据分析和解读、创意和创新、跨领域综合能力、沟通和协作以及持续学习和更新知识几个方面来提升自己应对职业风险的能力。

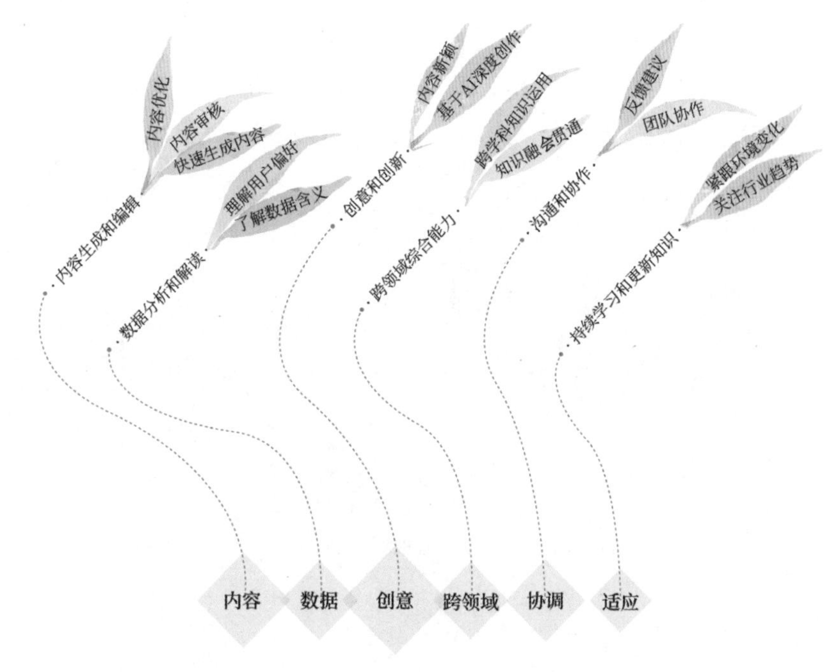

图8.5 普通员工的技能要求

(1) 内容生成和编辑。员工可利用AI工具和平台，通过设置参数、选择模板、输入关键词等方式，快速生成工作所需的内容，同时对生成的内容进行审核和优化，确保内容质量，符合目标受众需求。

(2) 数据分析和解读。员工应具备数据分析和解读的能力，从生成的内容中提取有价值的信息，并根据提取的信息进行内容创作和编辑决策。

(3) 创意和创新。员工应提升自己的创意和创新能力，从而在AI生成内容的基础上，进行深度创作，使生成的内容更加独特、吸引人并符合品牌定位和市场需求。

(4) 跨领域综合能力。员工应具备跨领域的综合能力，能够理解和运用不同学科和领域的知识，从而更好地应用AIGC技术进行内容创作和编辑。

(5) 沟通和协作。员工可与人工智能系统合作，进行编辑、审核和优化工作，同时与其他部门进行沟通和协作，以确保生成的内容符合公司的整体战略和目标。

(6) 持续学习和更新知识。员工应关注行业趋势、新技术和新方法，积极参加培训和学习活动，提升自身的专业素养和竞争力。

3. 创新和机会

AI生成内容也可能带来创新和机会。如图8.6所示，员工可以利用AIGC技术提高工作效率、拓展业务领域、创造新的内容形式和交互方式，从而创造新的商业机会和职业发展机会。

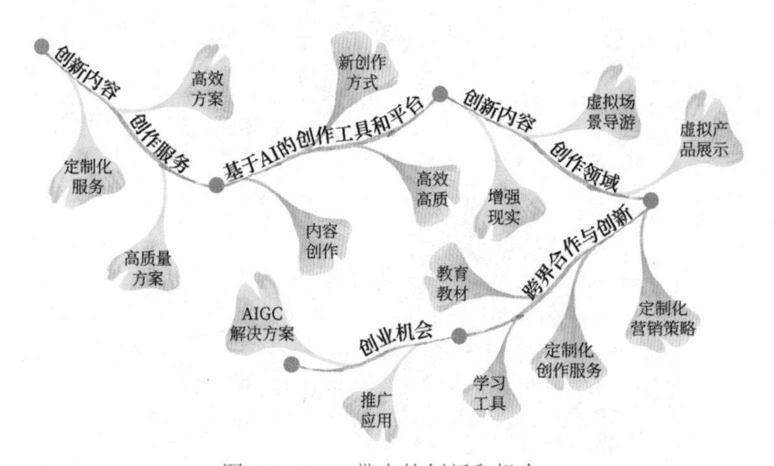

图8.6　AIGC带来的创新和机会

(1) 创新内容、创作服务。通过掌握AIGC技术，普通员工可以开发创新的内容模式和服务流程。例如，基于自然语言处理的文案创作、基于图像处理的视觉创作等，从而为客户提供高质量、高效率的内容解决方案，满足客户不断变化的内容需求。

(2) 基于AI的创作工具和平台。普通员工可以开发基于AIGC技术的新型内容创作工具和平台，提供给其他内容创作人员使用。例如，可以开发基于机器学习算法的文本生成工具，帮助内容创作人员快速生成大量高质量的文章，提高内容创作的效率和质量，为内容创作行业带来创新和变革。

(3) 创新内容、创作领域。AIGC技术可以应用于其他领域的内容创作，为普通员工带来创新的机会。例如，将AIGC技术应用于虚拟现实(VR)和增强现实(AR)来帮助普通员工创作与之相适应的内容，例如，虚拟场景的虚拟导游、增强现实的虚拟产品展示等。

(4) 跨界合作与创新。普通员工可以通过跨界合作和创新，拓展新的创业机会。他们可以与其他领域的专业人士合作，共同探索AIGC在不同行业的应用，创造新的商业模式和产品。例如，普通员工可以与营销专家合作，利用AIGC技术为公司提供定制化的营销策略和内容创作服务。这种跨界合作和创新可以带来更多的商业机会，拓展普通员工的发展路径。

(5) 创业机会。普通员工可以选择创办自己的AIGC公司，为公司和客户提供高质量的内容生成服务。他们可以利用AIGC技术开发独特的技术和算法，提供先进的内容生成解决方案，从而实现自己的创新理念和商业愿景，把握自己的职业发展轨迹，并带领团队不断创新，推动AIGC技术在不同行业的应用和发展。

第九章 AIGC引领未来的变革

如今，人工智能已不再是简单的机器，而是一个创造者。AIGC的出现标志着人工智能已经从简单的模仿进化到创造，这是对人类创造力的全新探索。

AIGC被认为是一种创新手段，是紧随PGC和UGC的新兴内容生成方式。从技术角度来看，AIGC能够比人类更有效地承担信息挖掘、素材调用和复制编辑等基本机械劳动的任务，其制造能力和知识水平也更加优秀，因此它能够以低成本、高效率的方式满足大量的个性化需求。

随着Web3.0时代的到来，人工智能、关联数据和语义网络的不断发展构建了全新的格局，相关消费需求也在迅速增长。在这种情况下，传统的UGC和PGC内容生成方式将面临滞后于现有需求的困境，而AIGC技术则成为新的内容生成方式，它被认为是元宇宙和Web3.0基础设施中至关重要的一部分。

第一节　探索无限可能性

AIGC近年来成为人工智能领域的热点话题，它被认为是继NFT、元宇宙、Web3.0之后的又一个热门领域。在2022年9月，红杉资本发表文章*Generative AI：A Creative New World*，文章提出AIGC将开启新一轮范式转移(认知转移)[①]。

同年，StabilityAI成功获得约1亿美元的融资，并以10亿美元的估值成为一家独角兽公司。该公司发布了一种开源模型，名为Stability Diffusion，它可以根据用户输入的文字描述(即提示词，prompts)自动生成图像，这就是所谓的文本到图像(text-to-image，T2I)技术。这项技术在AI艺术领域引起了轰动，标志着人工智能正逐渐渗透到艺术领域。

2022年12月，OpenAI的大型语言生成模型ChatGPT在全球范围引起了轰动。ChatGPT可以在多个场景下生成高质量的对话、代码、剧本和小说等内容，这一技术突破使得人机交互达到了前所未有的高度，如图9.1所示。此外，全球各大科技公司也在积极拥抱AIGC技术，并不断推出相关技术、平台和应用，以满足不断变化的市场需求，加速数字化转型和创新发展[②]。

2022年的预热让人们对2023年AIGC领域的发展充满期待。AIGC技术所生成的内容类型正以惊人的速度不断丰富和扩展，同时不断提升质量和可靠性，这将为AIGC领域带来更加广阔的发展前景。

最近，腾讯研究院发布《AIGC发展趋势报告：迎接人工智能的下一个时代》。该报告从技术发展和产业生态、应用趋势、治理挑战等多个维度，对AIGC的发展趋势进行了深入的分析和思考。该报告指出，AIGC技术将在未

---

① SONYA HUANG P G. Generative AI：A Creative New World [EB]. https://www.sequoiacap.com/article/generative-ai-a-creative-new-world/.

② 人民中科研究院. 趋势报告 人工智能的下一个时代 AIGC 未来已来 [EB]. https://baijiahao.baidu.com/s?id=1756792705666661456&wfr=spider&for=pc.

来几年内进一步推动数字化转型，但也需要注意在数据隐私、透明度、责任等方面的治理挑战。因此，加强治理、推动创新、维护公平竞争等将是未来AIGC领域发展的重要方向[①]。

图9.1 从 NLP 到 World Scope

一、揭示 AIGC 改变世界的力量

目前，AIGC技术正不断朝着更加智能化、自适应、高效和安全的方向发展。未来，AIGC技术将更加注重实际应用场景，并加强多模态信息处理、迁移学习、半监督学习等技术的研究和应用。

1. 引领产业生态的创新力量

AIGC产业生态正在快速形成和发展，朝着模型及服务(MaaS)的方向逐步迈进。AIGC产业生态体系框架初具雏形，呈现上、中、下三层结构，如图9.2所示。

① 腾讯研究院. AIGC 发展趋势报告：迎接人工智能的下一个时代 [EB]. https://docs.qq.com/pdf/DSkJweFlIdEFMQ2pT?&u=c0ab7babbf1c42d6a03a343332181d12.

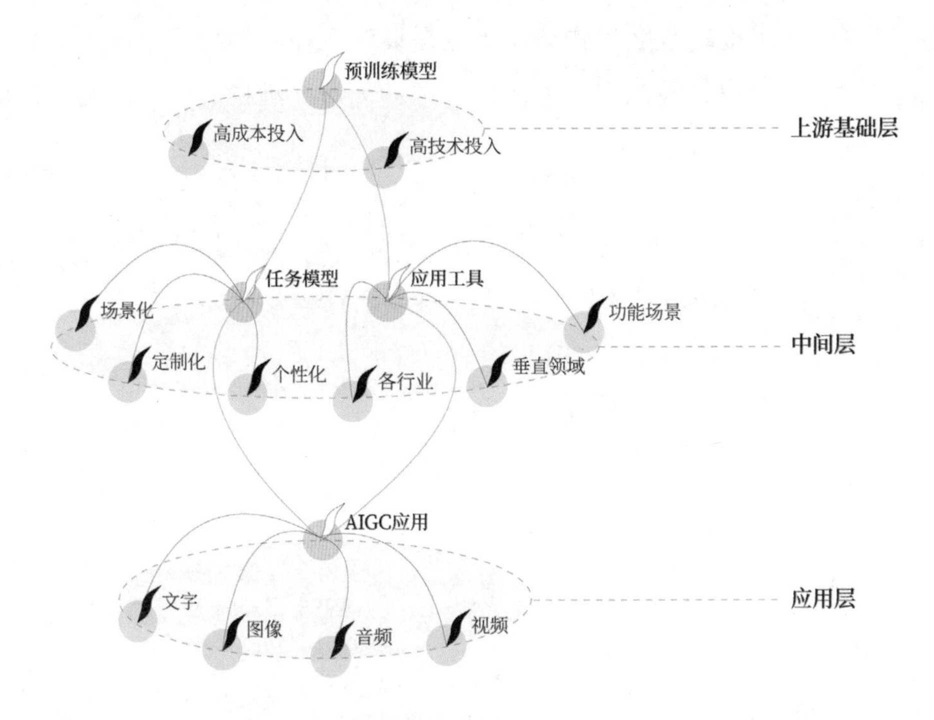

图9.2　AIGC 产业生态体系框架的三层结构

AIGC产业生态的第一层是上游基础层，也被称为技术基础设施层。该层的基础是预训练模型，这些模型通常在大规模数据集上进行训练，以学习和捕获数据中的模式和规律。由于预训练模型的成本和技术投入较高，该层具有较高的门槛。

在上游基础层中，预训练模型可用于各种AIGC任务，如图像识别、自然语言处理和语音识别等。此外，该层还包括构建和管理AIGC系统的工具、框架和平台。这些工具、框架和平台可使开发人员更方便地进行模型训练、部署和管理。

尽管上游基础层门槛较高，但它对于AIGC产业的发展至关重要，因为它为AIGC技术的应用提供了基础设施和支持，同时也为其他层提供了数据和模型的基础。未来，随着预训练模型质量和效率的不断提高，该层门槛将进一步降低，从而促进AIGC产业生态的发展。

第二层被称为中间层，它是AIGC产业生态体系的一个重要组成部分。该层由定制化、场景化和个性化的模型和应用工具组成，这些工具是建立在基础设施层预训练的大型模型之上的。这些模型可以快速地生成适应具体任务的定制化、个性化模型，为不同行业、垂直领域和功能场景提供工业流水线式部署，具有按需使用、高效经济的优势。

在中间层，模型和工具可用于解决各种具体的实际问题，例如语音识别、机器翻译、自动驾驶等。此外，中间层还包括用于处理和预处理数据的工具，以及用于监控、调试和优化模型性能的技术。这些工具和技术使得开发者可以更加便捷地进行模型构建和部署。

中间层的建设可以大大降低AIGC技术的应用门槛，使更多的企业和机构能够利用AIGC技术提高效率。同时，中间层能促进AIGC技术与不同行业、领域的深度融合，进一步拓展AIGC技术的应用场景和范围。未来，中间层将继续发展和创新，为AIGC产业的发展提供不竭动力。

第三层是应用层，这是AIGC技术的应用落地层。它提供针对C端用户的文字、图像、音频、视频等内容生成服务。应用层的目标是将AIGC技术与用户需求完美结合，实现个性化、多样化、高质量的内容生成和交互体验，以满足不同用户和场景的需求。在应用层，AIGC技术已经不再是抽象的算法和模型，而是以应用的形式向用户直接展现。AIGC技术可以应用于多个场景，例如智能客服、智能翻译、智能写作、智能影像、智能教育等。

通过不断优化AIGC模型和算法，应用层可提供更高效、更准确、更智能的功能与服务，从而为用户提供更加优质的体验。同时，应用层的成功也能促进AIGC技术的发展和普及，从而形成良性循环的产业生态系统。未来，应用层将不断拓展和创新，以应对不断增长的用户需求和新兴的应用场景。

随着数字技术与实体经济的不断融合，以及互联网平台向元宇宙转型，人们对数字内容的需求量和多样性需求不断增加。AIGC作为新兴的内容生成方式，其市场潜力不断增长，它在传媒、电商、影视、娱乐等数字化程度高、内容需求丰富的行业，已经取得了重大的创新进展。同时，在推进数字化和实体经济深度融合、促进产业升级的过程中，金融、医疗、工业等行业也在快速探索和应用AIGC技术。

2. 解密人工智能的技术趋势

随着AIGC技术的发展，深入研究相关热点和前沿领域非常必要。自监督学习、因果推断、深度增强学习、跨领域学习和联邦学习都属于AIGC技术研究的前沿领域，这些领域值得我们进一步探索。

(1) 自监督学习。自监督学习可以让模型从非标记数据中自动学习，减少了对标记数据的依赖性，因此有着广阔的应用前景。

(2) 因果推断。因果推断可以在模型预测之前对因果关系进行建模，从而提高模型的预测准确度。

(3) 深度增强学习。深度增强学习是将强化学习与深度学习相结合，以实现更智能的决策。

(4) 跨领域学习。跨领域学习的目标是利用已有的知识来加速对新领域的学习，提高学习效率。

(5) 联邦学习。联邦学习是指在不暴露用户隐私的情况下，通过在分布式设备之间共享模型参数来训练模型的方法。

这些前沿技术的研究将进一步提高AIGC技术的效率和精度，并推动AIGC技术在各行业的应用，对AIGC技术的发展具有重要意义。

3. 探索AIGC的前沿方向

本节将引领您探索AIGC领域的八大前沿方向，揭开未来科技的神秘面纱。这些方向密切相连、相互融合，共同推动AIGC领域的持续创新与进步，如图9.3所示。

释义 9.1：自动化

自动化是指机器设备、系统或过程(生产、管理过程)在没有人或较少人的直接参与下，按照人的要求，经过自动检测、信息处理、分析判断、操纵控制，实现预期的目标的过程。

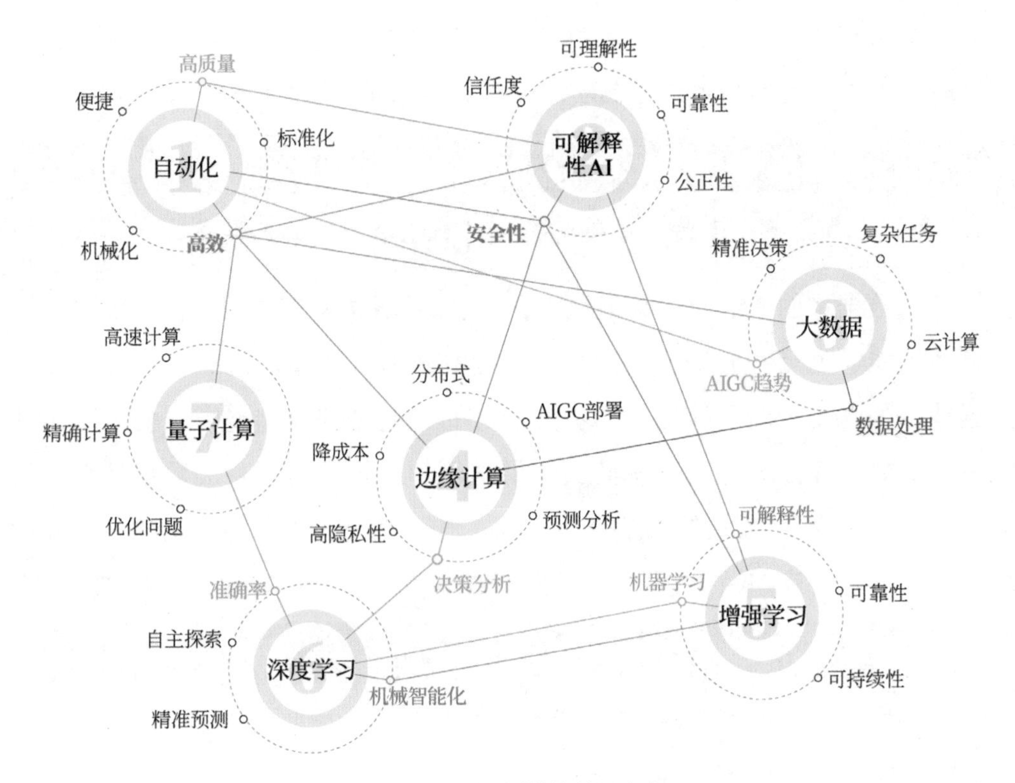

图9.3 AIGC 领域的前沿方向

AIGC的自动化应用较为广泛。例如，在金融行业中，自动化可以用于检测异常和识别风险，从而保护用户的资产安全。在医疗行业中，自动化可以用于快速准确地诊断疾病，缩短患者等待时间，提高医疗效率。在制造业中，自动化可以用于自动化生产线的设计和管理，提高生产效率和产品质量。自动化的应用使得AIGC技术更加便捷和高效，为各行业提供更好的服务和解决方案。

释义 9.2：可解释性 AI

可解释性 AI 能够以人类可理解的方式解释 AI 模型的决策过程，从而使人类更容易理解、信任和使用 AI 技术。

可解释性AI对于确保AI系统的公正性、可靠性和安全性具有重要作用，并且在金融和医疗领域得到了广泛应用。目前，可解释性AI技术已成为AIGC领域的一个重要研究方向和热点，可以帮助研究人员更好地理解和优化AI模型的性能，从而推动AIGC技术的发展。研究人员正在探索各种可解释性AI技术，包括可视化、交互式解释和生成式模型等，以提高AI系统的可解释性和可理解性，进而使得AI系统更具实用性和社会价值。

释义 9.3：大数据

大数据是指规模庞大、复杂度高且以高速增长的数据集合。

随着数据量的增加，大数据技术在AIGC领域中扮演重要角色，使得人工智能系统能够处理和分析更多的数据，提高预测和决策的准确性。此外，大数据技术为人工智能系统提供了更好的分布式处理和存储能力，使得人工智能系统能够更高效地计算，从而加快了学习和决策的速度。大数据技术已经成为AIGC技术不可或缺的一部分，为人工智能系统应对各种复杂的任务和挑战提供了重要支持。

释义 9.4：边缘计算

边缘计算是一种分布式计算模式，它将计算和数据处理能力从传统的云计算中心移动到网络边缘。

边缘计算在接近数据源的设备上进行数据处理和计算，它可以降低能源消耗，加快数据处理和决策的速度，从而加快系统的响应速度，提高效率。边缘计算还可以降低能源消耗和传输成本，提高数据隐私性，这对于AIGC系统来说尤为重要。因此，研究AIGC需要探索如何将边缘计算与AIGC技术相结合，以打造更高效、更智能、更安全的系统。

释义 9.5：增强学习

增强学习是一种可以使机器智能通过自身行动来实现某种目标的机器学习方法。

将增强学习与AIGC相结合，可以增强系统的可靠性和安全性，帮助智能体更好地理解其决策过程和推理基础，避免出现不可预测的行为和错误决策。增强学习结合AIGC技术可以应用于自动驾驶、游戏开发、机器人控制、资源管理、金融风险控制等领域，它将成为人工智能领域一个重要的研究方向和热点。

释义 9.6：深度学习

深度学习是一种利用多层神经网络进行训练和学习的机器学习技术。

与传统机器学习算法相比，深度学习可以自动从数据中学习到规律和特征，提高预测和分析的准确度。深度学习已经在很多领域取得重大突破，例如人脸识别、自然语言处理、推荐系统等。结合AIGC技术后，深度学习可以通过自主探索和学习，不断地改进自己的表现，提高预测准确率。未来，深度学习将会在更多的领域得到应用，例如智能制造、智慧城市、智能医疗等，推动人工智能技术的发展和应用。

释义 9.7：量子计算

量子计算是一种基于量子力学原理的计算模型，它利用量子位(qubit)的叠加和纠缠特性来处理信息和计算。

AIGC与量子计算结合，可利用量子计算快速计算大规模矩阵，完成向量运算，提高训练深度学习模型的速度和精度。在量子模拟方面，可为新药物设计和材料研究提供更准确的预测和分析。此外，量子计算可用于优化物流、金融和能源等领域的问题。目前量子计算技术处于初期发展阶段，随着技术的不断进步和应用场景的增加，它将会给AIGC和其他领域带来重要的突破和变革。

释义 9.8：自然语言处理

自然语言处理是人工智能领域的重要分支，它旨在使计算机能够理解、分析和生成自然语言，从而实现与人类的自然交流。

通过使用自然语言处理技术，AIGC可以对文本数据进行分析和处理，完成文本分类、命名实体识别、情感分析、机器翻译、问答系统等任务。自然语言处理在商业、政府、医疗、教育等领域都有着广泛的应用。

二、AIGC的冒险之旅

随着AI技术的迅猛发展，它逐渐渗透到我们日常生活的方方面面，为我们提供更加便利的服务。然而，这些服务背后的AI技术面临多项挑战。例如，如何应对日益增长的数据规模，确保其安全性和稳定性？如何解决出现的伦理问题？下面我们将分别探讨AIGC所面临的技术、安全和伦理挑战。

1. 开创人工智能技术新纪元

AIGC技术的发展历程既充满挑战也蕴含机遇。随着技术的快速进步，AIGC技术所面临的挑战日益显著，以下列举了一些AIGC可能面临的挑战及其相应的解决方法。

(1) 数据质量问题。AIGC技术的性能和准确度直接受到数据质量的影响，低质量或有偏差的数据可能导致算法出现误判或偏见，从而影响AIGC技术的应用效果。解决方法包括收集高质量数据，进行数据清洗和去除偏见，建立数据质量评估机制等。

(2) 模型鲁棒性问题。AIGC技术的模型鲁棒性是指其对于数据噪声、攻击和欺骗等异常情况的抗干扰能力。当前AIGC技术的鲁棒性仍然比较脆弱，需要进一步研究和改进。解决方法包括设计鲁棒性更强的模型架构，使用对抗训练和防御等技术来增强模型的鲁棒性。

(3) 计算效率问题。AIGC技术的计算复杂度非常高，需要大量的计算资源和时间。为了提高计算效率，需要开发更高效的算法、硬件和软件平台。解决方法包括使用分布式计算，优化算法和模型架构，采用专用硬件等。

(4) 隐私保护问题。AIGC技术处理的数据往往包含个人隐私和敏感信息，因此，保护数据隐私和信息安全是重要的技术挑战。解决方法包括采用差分隐私技术来保护隐私，建立数据使用和共享的规则和机制，加强数据安全保护等。

(5) 可解释性问题。AIGC技术的黑盒性是指其内部运作机制不够透明，难以解释其决策过程和结果，这对于一些应用场景来说是不可接受的，因此提高AIGC技术的可解释性是一个重要的研究方向。解决方法包括使用可解释性模型和方法，开发可解释性工具和技术，建立可解释性评估标准等。

综上所述，为了应对AIGC技术所面临的挑战，我们需要运用技术创新和规范管理等手段，提高AIGC技术的性能和应用效果，促进其在不同领域的广泛应用，从而推动人工智能技术的快速发展和进步。同时，在技术发展的过程中还需要注意遵守道德和伦理规范，加强社会和政策监管，以确保AIGC技术的安全和可持续发展。

2. 保障人工智能的安全

1) AIGC所面临的安全问题

在科技发展和应用的过程中，安全问题是不可避免的，AIGC也不例外。如图9.4所示，AIGC目前面临多个方面的安全问题，每个方面又存在多个分支。这些因素对AIGC的安全性产生了不同程度的影响。

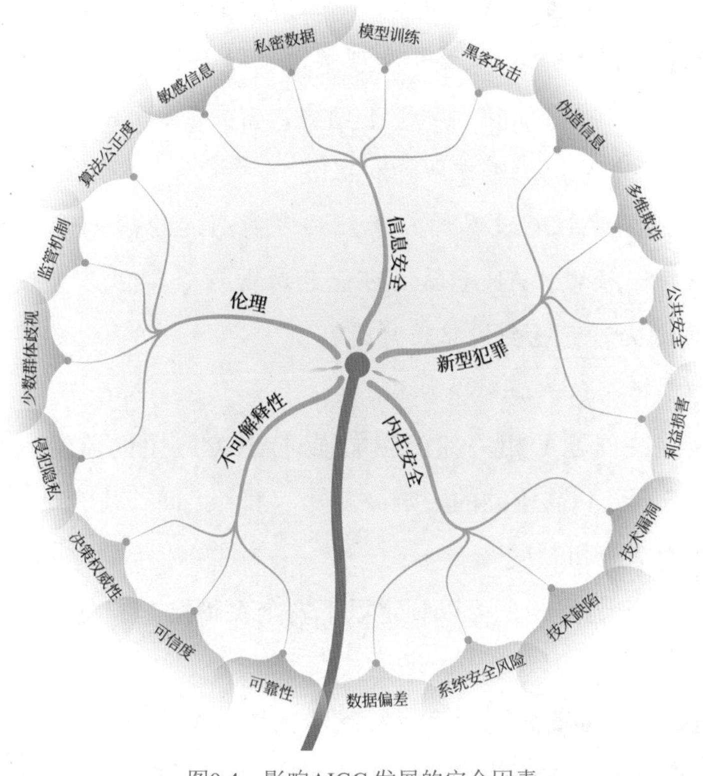

图9.4 影响AIGC 发展的安全因素

(1) 信息内容安全。由于AIGC技术需要大量数据进行训练和预测，可能会接触包括个人信息和商业机密在内的各种敏感信息，黑客攻击系统并获取这些信息将会对个人、企业和社会造成严重影响。

(2) AIGC滥用引发诈骗等新型违法犯罪行为。犯罪分子可利用人们对AIGC的信任和依赖伪造信息，包括面部表情和语音信息，做出音频、视频、图像等多维度的欺诈行为。这些行为不仅会损害个人和企业的利益，还会对社会公共安全造成威胁。同时，一些AIGC技术还被用于网络攻击，例如网络钓鱼、恶意软件、黑客攻击等，加剧了网络安全问题。

(3) AIGC的内生安全问题。AIGC技术存在漏洞和缺陷，可能会被黑客攻击利用，导致系统瘫痪和信息泄漏等严重后果。同时，AIGC技术本身的数据偏差、算法漏洞等问题也是系统安全性的瓶颈。此外，快速发展的AIGC技术意味着漏洞发现和修复跟进可能无法及时实现，这加大了系统的安全性风险。

(4) AIGC算法的不可解释性。AIGC算法的不可解释性可能会影响其在某些应用领域的可靠性和可信度。例如，在医疗领域使用AIGC进行诊断和治疗决策时，如果AIGC算法无法被解释和理解，可能会影响医疗决策的准确性和可靠性。同样，在金融、法律、教育等领域，需要保证AIGC算法的公正性和可靠性，因此其算法应该能够被解释和理解。

(5) 伦理问题。AIGC技术的广泛应用可能引起伦理问题，如歧视和隐私侵犯。在招聘等领域，AIGC算法可能会对女性等群体产生歧视。此外，AIGC处理大量数据时可能会侵犯用户隐私。

为了避免这些问题，相关部门应加强对AIGC应用的监管，确保算法公正、隐私安全，不受利益驱动的影响。

2) 安全保障措施和制度

针对AIGC的安全问题，可以制定以下安全保障措施和制度。

(1) 加强数据隐私保护。对于涉及隐私数据的AIGC算法和应用，相关部门应严格审查和认证，确保数据安全和保密。具体措施包括告知用户采集数据的类型、目的、使用方式和自己的隐私权利，并在采集、存储、传输和处理数据环节采用加密措施和安全传输协议；用户应遵守相关法律法规，建立数据管理制度和安全保障机制。

(2) 设计安全的AIGC系统。建立完善的安全保护机制，具体措施包括应用防火墙、加密通信和安全认证等技术手段；监控和管理数据流；避免未经授权的访问；保护数据传输；认证用户身份和权限。

(3) 强化AIGC滥用的打击力度。具体措施包括建立监管机构，加强对违法行为的打击和惩罚力度；建立法律法规和制度，规范AIGC技术的应用和发展。

(4) 加强AIGC的内生安全保护。对AIGC技术本身进行安全保护，具体措施包括制定算法透明度、公平性和歧视等方面的规定，确保AIGC技术的可信度和可靠性；开展安全漏洞测试和风险评估，及时排除安全隐患。

(5) 建立完善的漏洞管理机制。在AIGC系统和应用开发过程中，难免会出现各种漏洞和安全问题。因此，需要建立完善的漏洞管理机制，及时发现和修复漏洞，避免安全问题进一步扩大。这个机制包括定期进行安全检查、评估漏洞报告并建立修复机制、及时更新和升级系统及应用程序等。通过建立完善的漏洞管理机制，可以有效地提升AIGC系统和应用程序的安全性和稳定性。

(6) 提升员工安全意识和技能。除了建立各种安全保障措施和制度外，还需要提升员工的安全意识和技能。具体措施包括定期开展安全培训和教育；制定安全管理制度和规范；建立安全奖惩机制。通过提升员工的安全意识和技能，可以增强员工的安全防范意识，提高他们的安全保障能力，有效地保障AIGC系统和应用程序的安全性和稳定性。

总之，AIGC技术的应用和发展需要建立完善的安全保障措施和制度，包括加强数据隐私保护、设计安全的AIGC系统、强化AIGC滥用的打击力度、加强AIGC的内生安全保护、建立完善的漏洞管理机制和提升员工安全意识和技能等方面。通过建立这些安全保障措施和制度，可以有效地保障AIGC技术的安全性和稳定性，促进其健康发展。

3. 守卫道德伦理边界

1) AIGC的伦理问题

虽然AIGC技术取得了很大进展，但仍然存在一些伦理问题，大致可以分为以下五类。

(1) 算法歧视。AIGC算法可能会基于性别、年龄或其他因素而歧视某个人群，从而导致不公正和不平等的结果。

(2) 隐私问题。AIGC需要大量的数据来训练模型，这些数据可能包含个人隐私信息。如果这些信息被滥用，会对个人隐私造成侵害。

(3) 透明度和可解释性问题。AIGC算法通常非常复杂，难以理解和解释。这使得人们难以理解算法为什么会做出某些决策，从而难以检查算法是否公正。

(4) 责任问题。由于AIGC决策往往是由算法自动做出的，责任难以界定。这可能导致AIGC的使用者逃避责任，从而导致人们的权益受到损害。

(5) 社会影响问题。AIGC可能会对社会产生深远的影响，例如改变就业结构、扰乱经济秩序等。因此，需要认真考虑AIGC的社会影响，并采取相应的措施来减轻负面影响。

2) 制定伦理准则和规范

随着AIGC的广泛应用，如何在保证效益的同时，保障人类尊严和权益，成为一个非常关键的问题。因此，相关部门应制定合理的伦理准则和规范，以确保人工智能伦理应用符合道德和法律的要求。

(1) 制定透明的伦理准则。确保伦理准则和规范是透明的、公开的，并明确规定AIGC使用的具体限制和标准。

(2) 促进多方利益相关者的参与。多方利益相关者(如政府、学者、社会团体和产业界等)的参与可以确保准则和规范充分考虑各方面的利益和关注点。

(3) 加强法律监管。确保相关法律和法规得到有效执行。同时，需要考虑如何将伦理准则和规范纳入法律框架，以便更好地保护公众利益。

(4) 建立独立的审查机制。建立独立的审查机制来评估AIGC应用是否符合伦理准则和规范，确保决策的公正性和透明度。

(5) 强调教育和培训。提供必要的教育和培训，可使AIGC相关从业者了解伦理问题的重要性，以及如何将伦理准则和规范融入他们的工作中。

综上所述，制定透明、公开、具体和可执行的伦理准则和规范需要社会各界的共同努力，如此才能确保AIGC应用符合道德和法律要求，同时保障人类尊严和权益。

第二节 人与 AI 智慧共生

未来AI可能出现在人类生活的各个地方，许多行业都离不开AI赋能，AI将重塑大部分软件甚至整个互联网。AIGC的潜在客户主要包括两类：2B端内容生产公司和2C端用户。

在2B领域，AIGC可以实现内容创作高效化，提高PGC的活跃度和灵活性，降低内容生产成本。2B领域的主要客户为资讯媒体、音乐流媒体、游戏公司、视频平台、影视制作公司等。

在2C领域，AIGC可以实现内容创作低门槛和较高专业度，扩充UGC人群，激发C端用户灵感，每个人都可以成为创作者。2C领域的主要客户为画家、写手、歌手等。

一、探索 AI 全球治理的未来

在AIGC技术取得突破性进展、应用急剧增加、用户与其距离越来越近的今天，AIGC的影响已逐渐渗透到我们的日常生活中，为我们提供了许多便利的服务。未来，AIGC的影响将会辐射到多个领域。如图9.5所示，未来AIGC的应用场景大致可以分为消费端、产业端、社会端三个方向。

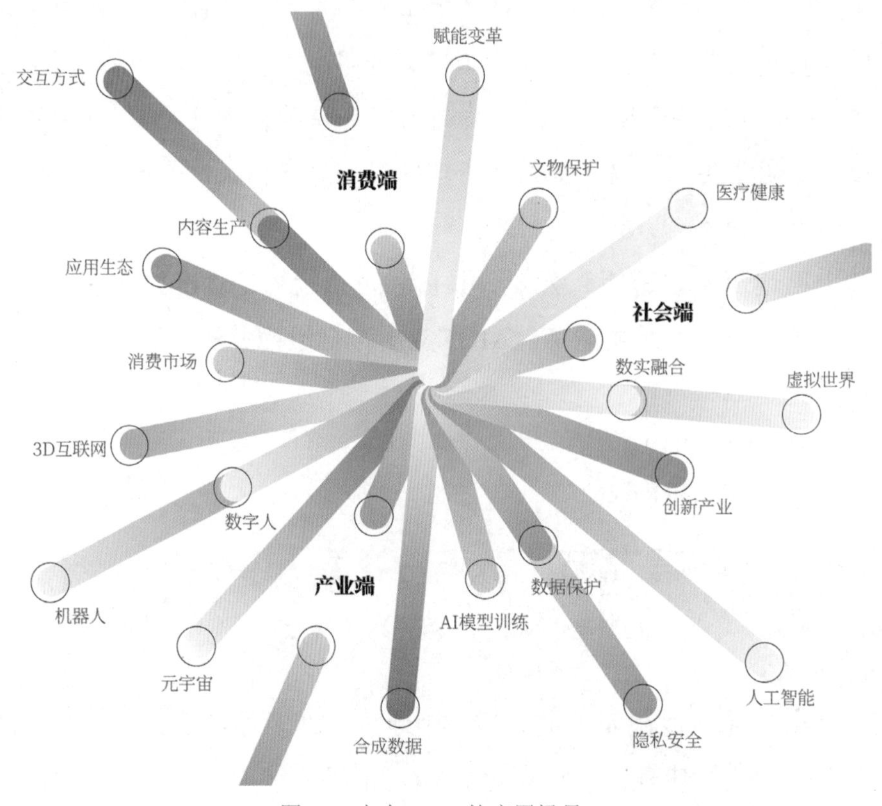

图9.5　未来AIGC 的应用场景

1. AIGC引领消费端全面升级

未来AIGC有望成为互联网内容创作的基础设施，改变数字内容的生产和交互方式。随着数字内容不断升级，AIGC已经开始迎合市场需求，并通过人机协同的方式释放其价值。目前，AIGC已经在传媒、电商、影视和娱乐等数字化程度较高的行业取得了重大创新发展，逐渐形成繁荣的应用生态和内容消费市场。国外商业咨询机构Acumen Research and Consulting预测，到2030年，AIGC市场规模将达到1100亿美元。未来五年，AIGC将生成10%～30%的图像内容，创造超过600亿美元的市场空间。

除此之外，AIGC还将成为未来3D互联网的基础支撑，提高3D模型、场景和角色的制作效率，并激发创作者的灵感。同时，聊天机器人和数字人作为更新、更具包容性的用户交互界面，将不断拓展训练应用领域。AIGC技术的提升将提高聊天机器人和数字人的制作效能，用户可以上传图像或视频，通过AIGC生成写实类型的数字人。这类应用具有生成过程短、成本低、可定制等特点。此外，AIGC还将支持AI驱动数字人多模态交互中的识别感知和分析决策功能，使数字人更加逼真。

最后，AIGC将成为元宇宙的生产力工具，为构建沉浸式元宇宙空间环境提供核心基础设施及技术，并为元宇宙用户提供个性化内容体验。AIGC将赋予用户更多的创作权利和自由，促进创新并提升元宇宙的用户体验。AIGC也将作为用户交互界面的一部分，在元宇宙中发挥作用。

2. AIGC助力人工智能产业腾飞

合成数据技术是人工智能发展的重要助推器之一，它能够解决真实数据获取难、质量差、标准不统一等难题。合成数据是通过计算机模型技术或算法生成的数据，成本低、易于规模化，并且可以保护隐私合规。这种技术能够提供接近真实世界的数据，为AI模型的训练和开发提供重要的支持，因此受到越来越多的关注。

根据海外咨询公司Gartner的评估结果，合成数据技术是2022年银行和投资服务领域的三项重要技术之一。随着人工智能的迅速发展，合成数据已经成为一个新的产业赛道，吸引了科技大厂和创新企业的布局。同时，合成数据领域的投资并购也持续升温，全新的商业模式——合成数据即服务(synthetic data as a service，SDaaS)应运而生。

大型虚拟世界是一个关键场景，提供各种场景和数据，加速了AI应用的开发，同时也为各行各业的AI训练和开发提供了试验场。此外，通过AI技术，大型虚拟世界能够加速构建AI赋能，实现数字与实体的融合。

3. AIGC赋能社会价值的未来

在医疗健康领域，AI语音生成技术可以帮助患者恢复语言能力。例如，语音合成软件制造商Lyrebird为渐冻症患者设计了语音合成系统，通过“声音克隆”帮助患者重新获得“自己的声音”。此外，AI数字人还可以帮助阿尔茨海默病患者与其可能记得的人或逝去的亲人进行互动。

AIGC可应用于文物修复，助力文物保护传承。例如，腾讯公司利用360度沉浸式展示技术、智能音视频技术和人工智能技术等手段，对敦煌古壁画进行数字化分析和修复。在国外，DeepMind开发的深度神经网络模型Ithaca可以修复残缺的历史碑文。

总之，随着AIGC模型通用化水平和工业化能力的不断提升，AIGC内容生成和交互的门槛以及成本不断降低。这将引起一场自动化内容生成和交互的变革，从而带来社会成本结构的重大改变，并在各行各业引发巨大变革。

未来，将会出现越来越多的AIGC应用，例如结合机器视觉、自然语言处理、区块链、云计算等技术的“AIGC+”，这些应用将持续发挥作用，深度赋能各行各业，实现高质量发展。例如，AIGC技术将为医疗保健、金融服务等行业提供更高效、更准确、更具创新性的问题解决方案和服务。

二、掀起商业与社会变革的力量

根据*Generative AI*：*A Creative New World*的分析，AIGC有潜力产生数万亿美元的经济价值[①]，这表明它在未来的商业和社会领域将扮演越来越重要的角色。

AIGC潜在的市场价值吸引了众多玩家入场，海外科技巨头如谷歌、Meta、微软，国内大厂如百度、腾讯、阿里巴巴、字节跳动、网易等纷纷在AIGC领域布局。除了传统科技巨头，海外还出现了StabilityAI、Jasper、Open AI等科技公司，其中Jasper主打文本生成，已宣布完成1.25亿美元的A轮融资，估值达到15亿美元；StabilityAI估值达10亿美元。可以看出，AIGC技术已经成为引领未来的关键技术之一，将对商业和社会产生深远影响。

1. 海外科技巨头主导，商业模式初露端倪

海外科技巨头正在加大布局力度，以其强大的科研实力和丰富的业务生

① 人民中科研究院．趋势报告：人工智能的下一个时代，AIGC 未来已来 [EB]. https://baijiahao.baidu.com/s?id=1756792705666661456&wfr=spider&for=pc.

态作为核心竞争力。它们不断投入研发和技术创新，积极探索新兴领域和市场，以期在全球范围内保持领先地位。

如图9.6所示，随着移动互联网的兴起，谷歌、Meta和微软等国外科技巨头正在积极布局人工智能、机器学习、计算机视觉和自然语言处理等领域，并取得了一系列突破性进展，特别是在聊天交互和图像生成等领域，一些成果已经成功商业化应用[①]。

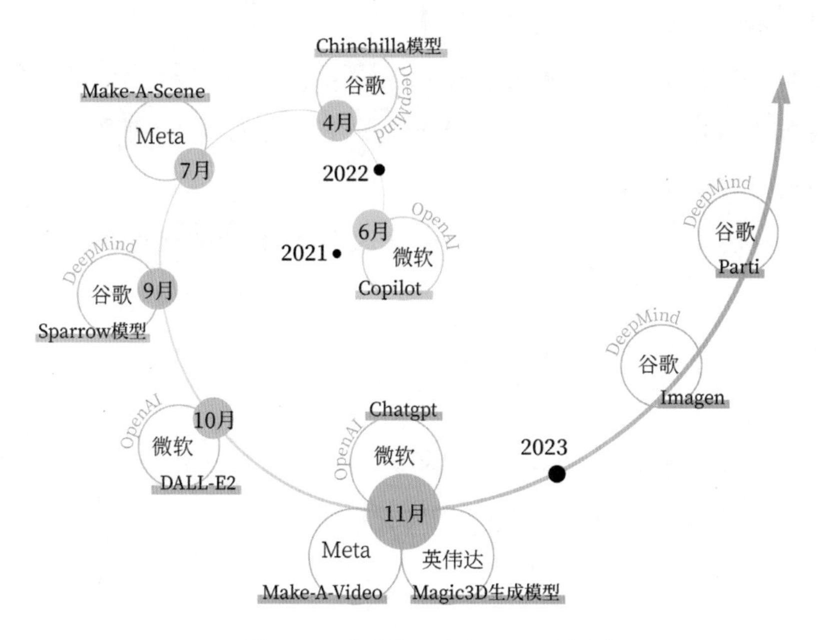

图9.6 海外科技巨头在AIGC领域布局

科技巨头的前沿研究和技术创新在人工智能商业化拓展中创造了更大的发展空间。例如，谷歌母公司Alphabet旗下的DeepMind开发了Alphafold2模型，通过预测蛋白质中氨基酸间的距离分布和化学键角度，准确预测蛋白质的三维结构。Alphafold2使用Attention机制模仿人类注意力，可以同时聚焦多个细节，预测结果更全面、更准确。

Meta也在人机交互领域取得了一些进展。2022年11月，Meta发布了Cicero——一款具备谈判、说服和合作能力的人工智能产品。在策略游戏《外交》的测试中，Cicero可以自然语言与其他玩家沟通，使用各种谈判

① 腾讯研究院．AIGC 发展趋势报告：迎接人工智能的下一个时代 [EB]. https://docs.qq.com/pdf/DSkJweFlIdEFMQ2pT?&u=c0ab7babbf1c42d6a03a343332181d12.

技巧，最终进入排名前10%。Meta认为Cicero的核心技术可以创造更智能的NPC，并解除人机交互的沟通障碍，将AI应用于更广泛的社交场景中。

海外科技巨头在AIGC领域的商业模式主要包括以下几种。

(1) 云计算服务。谷歌、AWS等公司提供云计算平台，为企业和开发者提供基于AIGC的应用服务，帮助客户更快地构建和部署生成式AI应用，从而降低客户的开发和维护成本，提高业务效率。

(2) 人工智能平台。OpenAI和Microsoft等公司建立了开放的人工智能平台，提供强大的AIGC技术和工具，使开发者可以更容易地构建各种应用程序，从而促进AIGC的商业化应用。

(3) 自主研发。DeepMind和OpenAI等公司在AIGC领域进行自主研发，并将其技术和应用直接推向市场。这种模式允许公司掌握核心技术和知识产权，有利于公司在市场上获得更高的溢价。

(4) 联合开发。一些海外科技巨头与其他公司和研究机构合作开发AIGC技术，这样可以更快地将新技术推向市场，同时拓展其应用领域，推动AIGC技术的进一步发展。

综上所述，海外科技巨头在AIGC领域采用多种商业模式，旨在为客户和开发者提供更好的服务和工具，推动AIGC技术的商业化应用和进一步发展。

2. 国内科技巨头接连入场，内容生态迎来蓝海市场

百度、阿里巴巴、腾讯、字节跳动等国内知名科技巨头纷纷涉足AIGC领域，这些企业拥有丰富的业务生态系统，并在多个细分场景下推出了相关的生成式人工智能应用产品，包括图像生成、视频生成、3D建模等[①]。

阿里巴巴达摩院自2017年成立以来，一直专注于大型语言模型和生成式人工智能等前沿创新，并致力于将其转化为增值应用，为客户提供优质的云

① 程兵. 潮起潮落，拐点已过，AIGC 有望引领人工智能商业化浪潮 [EB].https://pdf.dfcfw.com/pdf/H3_AP202302131583078841_1.pdf?1676300684000.pdf.

服务。京东在人工智能与聊天机器人领域，尤其是在业务端的应用方面取得了突破。百度不断推进人工智能技术的应用，推出名为“文心一言”的大语言模型。据称，“文心一言”正在努力赶进度，争取早日开始Beta测试，与谷歌和微软保持竞争力。

我国丰富的内容生态为人工智能应用提供了广阔的发展空间，尤其是在短视频领域。随着视频、游戏、网络文学等内容生态的不断丰富和创作需求的不断增加，人工智能和图像生成技术的应用也将加速市场渗透，成为未来的发展方向。此外，AR/VR、云计算、区块链等核心技术的不断进步，将加速我国元宇宙内容生态的形成。

3. 初创公司锁定细分市场，深耕垂直领域

随着人工智能技术的普及和发展，越来越多的中国互联网公司开始涉足人工智能领域。相较于在技术领域与互联网巨头公司的竞争，国内互联网公司更倾向于在特定垂直领域的应用场景中发挥自身优势，例如医疗和电商领域。

一些具有轰动效应的创新产品通常来自初创公司，这意味着它们没有投资者的限制，也不必遵循适用于互联网巨头的机制。尽管中国互联网公司在模型和算法等技术核心竞争力方面仍有提升空间，但它们可以在应用层面进行更多探索，这也是与一些国际互联网巨头公司相比，中国互联网公司的优势所在。

如图9.7所示，AIGC的发展可以分为三个阶段：第一阶段是完善AIGC内容生产技术，实现文本、视频、图像生成以及三者之间的跨模态转换；第二阶段是多模态生成技术的聚合应用，其中以虚拟人为代表；第三阶段是虚拟内容生态，即元宇宙。

目前，国内外互联网公司仍然处于第一阶段，AIGC生成的内容以文本、图像和视频为主。各垂直领域的互联网公司正在利用国内丰富的内容生态，积极探索人工智能应用产品，推动AIGC技术在实际场景中的深度商业化应用。在法律、营销、医疗、人机交互等领域，近年来涌现出许多专注于特定应用场景的互联网公司。它们运用AI技术在文本、图像、音频、视频等方面

赋能业务，提高效率并增强产品竞争力。以下是一些垂直领域公司应用AI技术的实例。

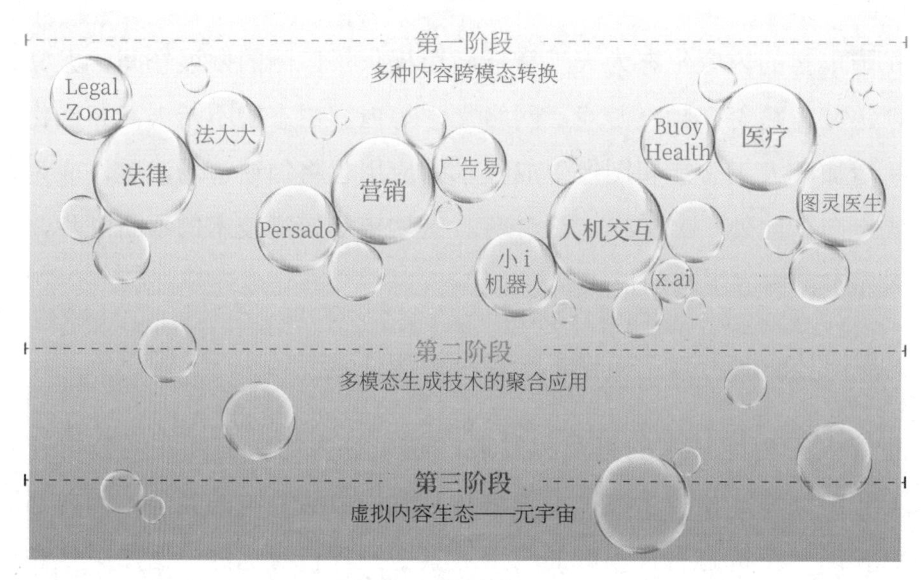

图9.7　AIGC 发展三阶段

(1) 法律。AI法律机器人可以快速回答常见的法律问题，进行文件分析和草案制作，并提供智能合同和虚拟律师助手等服务。例如，中国的法大大和美国的LegalZoom。

(2) 营销。公司可利用AI分析海量数据，实现精准的广告投放和个性化营销。例如，中国的广告易和美国的Persado。

(3) 医疗。AI可提供医学图像分析、病历记录和健康咨询等服务。例如，中国的图灵医生和美国的Buoy Health。

(4) 人机交互。AI可提供自然语言处理、语音识别和情感分析等服务，可以实现智能对话和语音交互，提高用户体验和服务效率。例如，中国的小i机器人和美国的x.ai。此外，还有一些AI人机交互的创新应用，例如虚拟现实、增强现实和手势识别等，可以为用户带来更加丰富和多样化的人机交互体验。

第三节　探索下一代数字世界的无限潜力

释义 9.9：元宇宙

元宇宙是一个虚拟的、基于区块链的多人在线世界，用户可以在其中创建自己的数字化身份，拥有虚拟资产，进行社交、游戏、学习等。元宇宙还可以实现多个区块链之间的互操作性，允许用户在不同的元宇宙之间流动他们的虚拟资产和数字身份[①]。

释义 9.10：Web3.0

Web3.0 是互联网的下一代，也称为“分布式 Web”。与 Web2.0 相比，Web3.0强调去中心化、可编程性和智能合约等特点，旨在实现更安全、更开放、更民主的互联网。Web3.0 的技术基础是区块链、人工智能、去中心化存储等[②]。

AIGC与元宇宙和Web3.0密不可分，它可以帮助创建者更快速地生成丰富、多样的元宇宙内容，开发智能NPC和智能合约逻辑。同时，AIGC还可以协助去中心化应用生成和处理数据，并进行自动化决策，为元宇宙和Web3.0的发展提供强大的支持，使虚拟环境更加真实、有趣，并能实现Web3.0的去中心化和智能化。

一、元宇宙开发的领军者

基于AIGC的新内容经济形态将推动数字内容生产迈向新的里程碑，实现

① 成生辉. 元宇宙概念技术及生态 [M]. 北京：机械工业出版社，2022.

② 成生辉. Web3.0：具有颠覆性与重大机遇的第三代互联网 [M]. 北京：清华大学出版社，2023.

指数级增长，推动数字经济快速发展。随着Web3.0时代的到来，AIGC将成为新时代发展的核心驱动力之一，为元宇宙经济和社区创作者提供更加强大的支持和助力。

在元宇宙经济下，AIGC所提供的AI创意呈现服务将成为数字藏品创作中的重要环节。此外，AIGC可以帮助个人和企业进行内容推广和营销，利用智能算法实现个性化推荐和定制化服务，提升数字内容的传播效果和商业价值。AIGC还可以应用于虚拟空间建造和虚拟化身的独立思维，进一步拓展了应用领域。

随着AIGC不断迭代，它所带来的商业价值将不断增加，影响力也将逐渐扩大。基于AIGC的内容创作和推广服务将成为数字经济的重要组成部分，为各行各业的数字化转型提供强有力的支持和保障。AIGC的技术优势和市场优势将成为新一代数字世界的运行基石，推动数字经济和元宇宙经济的蓬勃发展。

随着人工智能技术不断进步，NLG技术已经开始应用于元宇宙数字内容生成，例如新闻报道、诗歌和照片等。未来随着元宇宙的发展，数字内容的消费者数量将远远超过数字内容的生产者数量，因此AIGC已成为生产数字资产的主要方式。AIGC技术使得元宇宙能够创建大量高质量的定制内容，内容创作方式包括以下两种[①]。

(1) AIGC独立生成数字内容。AIGC使用自然语言处理和生成技术，根据用户的输入、历史数据和算法生成符合用户特定需求的数字资产。

(2) 辅助AIGC的用户创建数字内容。例如，Ep Games在其MetaHumanb中通过AI算法创造了大量的虚拟角色，例如虚拟对话助手。通过这种方式，元宇宙中的数字内容创作者可以大幅提高生产效率，创造更多的高质量数字资产。

① WANG Y, SU Z, ZHANG N, et al. A survey on metaverse: Fundamentals, security, and privacy[J]. IEEE Communications Surveys & Tutorials, 2022.

② LYYTINEN K, NICKERSON J V, KING J L. Metahuman systems humans machines that learn[J]. Journal of Information Technology, 2021.

虽然现有的人工智能产品在视觉效果和故事情节方面与人类创作的作品存在巨大差距，但Meta和谷歌推出的新产品给人留下了深刻印象。Meta推出了Horizon Workrooms虚拟现实软件，它允许用户在虚拟环境中进行协作和召开会议。这款产品展示了人工智能在改变工作方式方面的潜力。谷歌推出的人工智能语言模型LaMDA具备对话和交互的能力，并且可以理解和解释复杂的问题。

AIGC不仅可以提高创作效率和供应能力，降低多个行业的运营成本，其对元宇宙的影响也是革命性的。元宇宙建立在数字世界和数字内容之上，AIGC技术就像元宇宙拼图中的核心，与多个应用相互链接。以虚拟人为例，AIGC技术创造的内容可以激活虚拟人，让它们互相链接、对话，这在元宇宙中是一个重大变革。

虚拟人在增强虚拟世界的互动性方面发挥着重要作用，驱动数字虚拟人可以增加元宇宙的社交和创造性元素，从而使虚拟世界更加活跃和有趣。此外，AIGC技术在文本、图像和视频内容生成方面也将大大增加元宇宙世界的内容丰富度。随着人工智能技术的不断发展和应用，元宇宙将成为一个更加真实和完整的虚拟世界。以下是一些虚拟人的实际应用案例。

Xiaoice：由微软公司开发的智能聊天机器人，通过自然语言生成技术进行交互，可以聊天、讲笑话等。

Replika：一款AI聊天机器人，用户可以将其作为“朋友”进行交流、倾诉心声，它还能够提供建议、分析情感。

Miquela：一个由虚拟形象创造的社交媒体影响者，拥有近四百万粉丝，其数字形象由AIGC技术生成。

LilMiquela：与Miquela类似，同样是由虚拟形象创造的社交媒体影响者，它在社交媒体上分享生活，发布照片和音乐。

Hatsune Miku：一个虚拟歌手，由Yamaha Corporation的Vocaloid软件生成，能够利用人工智能技术制作音乐和动画。

AIGC技术已经成为构建元宇宙不可或缺的关键技术之一。目前，AIGC

技术在元宇宙的可视化方面已经取得了一定的成果，但要支持元宇宙各种功能和服务，需要强大的计算能力。例如，实时高清的3D渲染、低延迟的网络数据传输、多种类型的物理模拟等[①]，这些都需要可视化技术的支持。

除了强大的计算能力和可视化技术，元宇宙的成功还需要更高效的通信技术和安全保障机制。同时，元宇宙的建设也需要更完善的法律法规和管理机制，以确保其可持续性和安全性。AIGC技术与法律、管理、通信等多方面技术相互配合，才能共同推进元宇宙的构建和发展。

例如，在元宇宙中，数字孪生辅助驾驶技术将协助自动驾驶技术发挥作用，帮助其建立更加可靠的交通系统。数据和AI算法对于数字孪生辅助驾驶技术都至关重要。Niaz等人利用数字孪生辅助驾驶技术开发出自动驾驶的框架，通过V2X(vehicle to everything)通信连接虚拟空间和物理空间[②]，提高驾驶安全性能和交通效率。在这个框架中，纯虚拟驾驶、传感器数据采集和驾驶模拟都可以运行。

二、革命性的搭档：Web 3.0

2023年1月底，出现在大众视野的ChatGPT快速揽获1亿用户，成为有史以来用户增长速度最快的互联网应用程序。ChatGPT的出现代表了AIGC技术在自然语言处理领域的突破[③]，它使得机器可以更好地理解人类语言和生成语言[④]，为用户提供更加个性化、智能化的服务，以及更大程度的自由和创造力。ChatGPT的每个用户都可以成为生产者和创作者，而不仅仅是消费者。

ChatGPT的出现使互联网进入了“可生成”时代。相较于Web1.0和

---

① SUN J, GAN W, CHAO H C, et al. Metaverse Survey, applications,security, and opportunities[J]. arXiv preprint arXiv 2210.07990, 2022.

② XU M, NIYATO D, CHEN J, et al. Generative AI-empowered Simulation for Autonomous Driving in Vehicular Mixed Reality Metaverses [J]. arXiv preprint arXiv 2302.08418, 2023.

③ BROWN T, MANN B, RYDER N, et al. Language models are few shot learners[J]. Advances in neural information processing systems, 2020.

④ OUYANG L, WU J, JIANG X, et al. Training language models to follow instructions with human feedback[J]. Advances in Neural Infor- mation Processing Systems, 2022.

Web2.0，ChatGPT代表了Web3.0的发展方向。未来，以ChatGPT为代表的AIGC产品将深入各个领域，实现更加智能化和高效的应用，为社会带来更多的商业价值和社会效益。

1. 释放Web3.0无限潜能

在Web3.0时代，数字世界将变得更加清晰，它不仅是数字孪生的重要工具，还是内容生成的重要助手。随着只读模式的PGC转向用户自发参与的UGC，再到现在的AIGC，内容创作门槛正在逐步降低，这意味着内容生产力将获得更高水平的释放。

随着人工智能、相关数据和语义网络的建立，人与网络之间形成了新的链接，这种联系促使内容消费需求呈指数级增长。在这个全新的时代，AIGC成为元宇宙中的一种全新的内容生成解决方案，它能够高效地生成高质量的内容，被认为是Web3.0时代的生产力工具之一。

首先，Web3.0技术的分布式性质使得AIGC成为一种可以在网络上广泛应用的工具。AIGC可以通过Web3.0技术的去中心化特点，为更多的用户提供内容创作支持，同时也可以更好地保护用户的数据隐私。

其次，Web3.0技术的智能合约使得AIGC更加智能化。通过智能合约的编写，AIGC可以实现更加灵活、高效的内容生成、编辑和管理，用户可以更加便捷地使用AIGC进行内容创作，同时也可以更好地控制和管理自己的创作成果。

最后，Web3.0技术的区块链特性可以保障内容版权的合法性和公正性。利用区块链技术，AIGC可以对用户创作的内容进行加密，从而保证内容的版权归属和真实性。同时，区块链技术也可以记录内容创作的历程和结果，使内容的来源和质量得到保障。

2. AIGC与Web3.0共舞未来

AIGC技术与Web3.0技术的结合可以带来很多好处。首先，AIGC可以为Web3.0提供技术支持。在Web3.0中，需要构建许多去中心化的应用程序(DApps)，这些应用程序需要有各种各样的功能和特点，而AIGC技术可以让计算机自动生成一些DApps的功能和特点，这样就能大幅缩短开发周期和降低成本。其次，AIGC可以为Web3.0提供更好的用户体验。在Web3.0中，用户能够更好地掌控自己的数据，通过去中心化的应用程序进行交互和开展合作，而AIGC技术能够生成高质量的用户界面、交互设计和内容，因此能够提升用户的体验。

以游戏行业为例，AIGC技术和Web3.0技术的结合为游戏开发和玩家体验带来了革命性的变化。游戏开发者可以利用AIGC技术创造更多的游戏场景和角色，而Web3.0技术则可以让玩家在不同的游戏之间共享游戏物品和数字资产，从而使游戏的开发和体验变得更加多样化和自由化。

AIGC的结合还可以促进数字资产的广泛应用。由于数字资产具有可替代性和可分割性，它们可以用于各种场景，例如代币化、数字拍卖和虚拟世界中的商品交易。AIGC可对这些数字资产进行各种形式的分类和描述，以便用户更好地理解它们的价值和用途。例如，当一个数字艺术品上市时，AIGC可以自动为其提供关键词描述和标签，以帮助买家更好地了解其价值和特点。这种智能分类和描述的技术也可以应用于数字音乐、电影和游戏等领域，帮助人们更好地管理和交易数字资产。

总体来说，AIGC与Web3.0的完美结合，为数字资产的广泛应用和发展提供了无限的潜力。它不仅可以帮助人们创造数字资产，也可以帮助人们管理、交易和利用数字资产。未来，随着AIGC技术的不断发展和完善，它的应用场景将更加广泛、应用效果将更加深入。我们有理由相信，AIGC与Web3.0的结合将为数字经济和数字文化的发展带来无限的可能和机遇。

3. 引领Web3.0时代

在未来，人工智能将扮演关键角色。AIGC使互联网内容的多样性和数量都得到极大提升。毫无疑问，AIGC将在互联网内容优化迭代中扮演重要的角色。在Web3.0阶段，AIGC可以为数字世界的构建提供强有力的支持，主要体现在以下几个方面。

(1) 创造更加智能的数字应用，提供个性化的服务。AIGC技术可以帮助虚拟人物自动生成自然语言对话内容，使得用户和虚拟人物之间的交互更加流畅和自然。此外，AIGC还可以根据用户的兴趣和行为，自动为用户推荐内容，提高数字应用的个性化程度。

(2) 提高数字内容的可信度和去中心化程度。区块链技术的应用可以增强数字内容的可信度和去中心化程度，而AIGC技术可以为区块链提供智能合约生成等技术支持，从而进一步提高数字内容的可信度和去中心化程度。

(3) 增强数字营销和广告的效果。AIGC技术可以根据用户的兴趣和行为，自动生成有针对性的广告内容，提高广告的点击率和转化率。此外，AIGC还可以帮助企业在社交媒体上自动生成内容，提高品牌知名度和曝光度。

(4) 提高数字内容的生产效率和质量。AIGC可以帮助用户以更快的速度完成视频或图像标记任务，大大减少手动标注的时间和成本，提高工作效率和准确度。同时，AIGC技术还可以自动生成文章、图像和视频等内容，大大提高数字内容的生产效率和质量。

随着Web3.0时代的到来，数字资产和数字内容的重要性日益凸显。而人工智能，尤其是AIGC技术，正是这个数字世界中的可靠智能助手和内容生成器。

此外，AIGC有助于数字内容的版权保护和内容管理。通过自动化监测和识别重复、抄袭或侵权行为，AIGC可以有效保护数字资产的权益，维护创作者和内容提供者的权利。

三、一场机遇与争议并存的革命

在Web3.0时代，AIGC将成为一款通用工具，帮助人们高效地进行内容创作，提升内容的质量。我们应充分利用人工智能的优势，实现创意大爆发，为人类带来更多美好的前景。

虽然Web3.0的目标是保护创作者的数据所有权，避免数据垄断，但当前大多数在线平台都更关注如何推动私域流量以赚取收入，这导致互联网世界的分裂。以ChatGPT为代表的AIGC技术，可以防止这种错误的趋势[①]。在这个新时代中，我们需要尊重并继续开放API文化，以确保互联网生态系统的公正和可持续。

人类历史上的文化宝藏是无价的，它们代表人类智慧的结晶。尽管人工智能不能与人类的创造力相媲美，但它可以成为人类的可靠助手。人工智能技术能够提供一种全新的方式来挖掘和组织知识，并生成全新的文化内容。我们应该充分利用这种技术的优势，更好地保存和传承人类文化遗产，同时创作更多有创新性的作品。

人工智能在不断发展、融合过程中虽然带来了新的创意，但也带来了新的争议。正如MidJourney的创始人大卫·霍尔茨(David Holz)所说的，人们把人工智能看作一只老虎，一只危险的、会吃人的老虎。不过就像水一样，水也有危险，但人们可以造船、利用水发电，使其成为文明的驱动力。这是一个机会，它没有意志。我们可能会淹死在水中，但不意味着水应该被禁止。人工智能就是一个新的水源，只要得到妥善利用，就会让人类变得更加优秀。

所以，我们应妥善利用人工智能，将其用于人类的福祉，使其真正发挥优势和潜力，为人类的进步和发展做出更大的贡献。因此，我们需要更加理性地看待人工智能，不要盲目地把它视为威胁，也不要过度依赖它。在人类与人工智能共同发展的过程中，我们需要探索出一个平衡点，从而既能够实现科技的发展，又能够保障人类的权益。

---

① GAN W, YE Z, WAN S, et al. Web 3.0 The Future of Internet[J]. arXiv preprint arXiv 2304.06032, 2023.

参考文献

[1] CHEONG H J, MORRISON M A. Consumers' reliance on product information and recommendations found in UGC[J]. Journal of interactive advertising, 2008, 8(2): 38-49.

[2] PUIGSERVER P, SPIEGELMAN B M. Peroxisome proliferator-activated receptor-V coactivator 1α(PGC-1α): transcriptional coacti-vator and metabolic regulator[J]. Endocrine reviews, 2003, 24(1): 78-90.

[3] LIN J, WU H, TARR P T, et al. Transcriptional coactivator PGC-1α drives the formation of slow-twitch muscle fibres[J]. Nature, 2002, 418(6899): 797-801.

[4] SCARPULLA R C. Metabolic control of mitochondrial biogenesis through the PGC-1 family regulatory network[J]. Biochimica et biophysica acta(BBA)-molecular cell research, 2011, 1813(7): 1269-1278.

[5] CAO Y, LI S, LIU Y, et al. A comprehensive survey of ai-generated content(aigc): A history of generative ai from gan to chatgpt[J]. arXiv preprint arXiv:2303.04226, 2023.

[6] DU H, LI Z, NIYATO D, et al. Enabling AI-Generated Content (AIGC)Services in Wireless Edge Networks[J]. arXiv preprintarXiv:2301.03220, 2023.

[7] WU J, GAN W, CHEN Z, et al. AI-generated content (AIGC): A survey[J]. arXiv preprint arXiv:2304.06632, 2023.

[8] DEWEY J. Experience and education[C]//The educational forum: vol. 50: 3. [S.l. : s.n.], 1986: 241-252.

[9] BAILEY R, ARMOUR K, KIRK D, et al. The educational benefits claimed for physical education and school sport: an academic review [J]. Research papers in education, 2009, 24(1): 1-27.

[10] CRESWELL A, WHITE T, DUMOULIN V, et al. Generative adversarial networks: An overview[J]. IEEE signal processing magazine, 2018, 35(1): 53-65.

[11] WANG K, GOU C, DUAN Y, et al. Generative adversarial networks: introduction and outlook[J]. IEEE/CAA Journal of Automatica Sinica, 2017, 4(4): 588-598.

[12] METZ L, POOLE B, PFAU D, et al. Unrolled generative adversarial networks[J]. arXiv preprint arXiv:1611.02163, 2016.

[13] FLORIDI L, CHIRIATTI M. GPT-3: Its nature, scope, limits, and consequences[J]. Minds and Machines, 2020, 30: 681-694.

[14] ELKINS K, CHUN J. Can GPT-3 pass a Writer's turing test?[J]. Journal of Cultural Analytics, 2020, 5(2).

[15] IBM. 什么是计算机视觉？ [EB]. https://www.ibm.com/cn-zh/topics/computer-vision.

[16] For GEEKS G. Generative Adversarial Network(GAN)[EB]. https://www.geeksforgeeks.org/generative-adversarial-network-gan/，2019.

[17] YANG L, ZHANG Z, SONG Y, et al. Diffusion models: A com-prehensive survey of methods and applications[J]. arXiv preprint arXiv:2209.00796, 2022.

[18] 刘挺，秦兵，赵军，等. 自然语言处理[M]. 北京：高等教育出版社，2021.

[19] 杜振东，涂铭. 会话式 AI：自然语言处理与人机交互[M]. 北京：机械工业出版社，2020.

[20] 语音识别技术科普与发展历史[J].科技视界，2023，404(02)：38-39.

[21] PORTILLA R, HEINTZ B. Understanding Dynamic Time Warping [EB]. https://www.databricks.com/blog/2019/04/30/understanding-dynamic-time-warping.html，2019.

[22] 洪青阳，李琳. 语音识别：原理与应用[M]. 北京：电子工业出版社，2022.

[23] MEDSKER L R, JAIN L. Recurrent neural networks[J]. Design and Applications, 2001, 5: 64-67.

[24] VASWANI A, SHAZEER N, PARMAR N, et al. Attention is all you need[J]. Advances in neural information processing systems, 2017, 30.

[25] 吕士楠，初敏，许洁萍，等. 汉语语音合成——原理和技术[M]. 北京：科学出版社，2012.

[26] 魏伟华. 语音合成技术综述及研究现状[J]. 软件，2020，41(12).

[27] 陈志业，张智骞，王兵. AI 语音合成技术的应用与展望[J]. 影视制作，2023，29(03).

[28] WANG Y, SKERRY-RYAN R, STANTON D, et al. Tacotron: Towards end-to-end

speech synthesis[J]. arXiv preprint arXiv:1703.10135,2017.

[29] SHEN J, PANG R, WEISS R J, et al. Natural TTS Synthesis by Conditioning WaveNet on Mel Spectrogram Predictions[Z]. 2018. arXiv: 1712.05884 [cs.CL].

[30] 中国互联网络信息中心. 中国互联网络发展状况统计报告[EB]. https://www.thepaper.cn/newsDetail_forward_20105580，2022.

[31] 陈为. 数据可视化[M]. 北京：电子工业出版社，2019.

[32] MIDWAY S R. Principles of effective data visualization[J]. Patterns,2020, 1(9): 100141.

[33] COOPER R J, SCHRIGER D L, CLOSE R J. Graphical literacy: the quality of graphs in a large-circulation journal[J]. Annals of emergency medicine, 2002, 40(3): 317-322.

[34] SUN J, GAN W, CHAO H C, et al. Metaverse: Survey, applications, security, and opportunities[J]. arXiv preprint arXiv:2210.07990, 2022.

[35] XU M, NIYATO D, CHEN J, et al. Generative AI-empowered Simulation for Autonomous Driving in Vehicular Mixed Reality Metaverses[J]. arXiv preprint arXiv:2302.08418, 2023.

[36] PAUL C. Digital Art(World of Art)[M]. [S.l.]: Thames & Hudson, 2015.

[37] CAFE N. What Is the First AI Art And When Was it Created?[EB]. https://nightcafe.studio/blogs/info/what-is-the-first-ai-art-and-when-was-it-created, 2022.

[38] CAFE N. How Does Google DeepDream Work?[EB]. https://nightcafe.studio/blogs/info/how-does-google-deepdream-work, 2022.

[39] MCGREGOR M. What Is a Convolutional Neural Network? A Beginner's Tutorial for Machine Learning and Deep Learning[EB]. https://www.freecodecamp.org/news/convolutional-neural-network-tutorial-for-beginners/, 2021.

[40] BAHETI P. Neural Style Transfer: Everything You Need to Know [EB]. https://www.v7labs.com/blog/neural-style-transfer, 2022.

[41] VERMA P, DIAMANTIDIS S. What is Reinforcement Learning? [EB]. https://www.synopsys.com/ai/what-is-reinforcement-learning.html, 2021.

[42] LEE K, LIU H, RYU M, et al. Aligning Text-to-Image Models using Human Feedback[J]. arXiv preprint arXiv:2302.12192, 2023.

[43] SUTSKEVER I, VINYALS O, LE Q V. Sequence to sequence learning with neural networks[J]. Advances in neural information processing systems, 2014, 27.

[44] BAHDANAU D, CHO K, BENGIO Y. Neural machine translation by jointly learning to align and translate[J]. arXiv preprint arXiv:1409.0473, 2014.

[45] LUONG M T, PHAM H, MANNING C D. Effective approaches to attention-based neural machine translation[J]. arXiv preprint arXiv:1508.04025, 2015.

[46] SERBAN I V, SORDONI A, BENGIO Y, et al. Hierarchical recurrent encoder-decoder for generative context-aware query suggestion [J]. arXiv preprint arXiv:1607.06993, 2016.

[47] BOWMAN S R, VILNIS L, VINYALS O, et al. Generating sentences from a continuous space[J]. arXiv preprint arXiv:1511.06349, 2016.

[48] VASWANI A, SHAZEER N, PARMAR N, et al. Attention is all you need[J]. Advances in neural information processing systems, 2017, 30: 5998-6008.

[49] RUSH A M, CHOPRA S, WESTON J. A neural attention model for abstractive sentence summarization[J]. arXiv preprint arXiv:1509.00685, 2015.

[50] NALLAPATI R, ZHOU B, GULCEHRE C, et al. Abstractive text summarization using sequence-to-sequence RNNs and beyond[J].arXiv preprint arXiv:1602.06023, 2016.

[51] WANG H, LU K, ZHANG Q. A Funny Story Generation Framework Based on Seq2Seq Model[C]//2021 IEEE 3rd Information Technology and Mechatronics Engineering Conference(ITOEC). [S.l. : s.n.], 2021:30-34.

[52] DONG J, YAN Z, LI J. Generate funny stories using a seq2seq neural network model with reinforcement learning[J]. Journal of Ambient Intelligence and Humanized Computing, 2020, 11(5): 1965-1976.

[53] ALLAMANIS M, BARR E T, DEVANBU P, et al. Bimodal modelling of source code and natural language[C]//Proceedings of the 2015 10th Joint Meeting on Foundations of Software Engineering. [S.l. : s.n.], 2015: 206-218.

[54] YAO S, WANG X, LIU D, et al. Automatically learning semantic features for programming language processing[C]//2018 IEEE/ACM 40th International Conference on Software Engineering(ICSE). [S.l. : s.n.], 2018: 367-378.

[55] LIU Z, WANG Z, JU P, et al. Code Completion with Neural Attention and Pointer Networks[J]. arXiv preprint arXiv:1808.01482, 2018.

[56] BALTRUŠAITIS T, AHUJA C, MORENCY L P. Multimodal machine learning: A survey and taxonomy[J]. IEEE transactions on pattern analysis and machine

intelligence, 2018, 41(2): 423-443.

[57] RADFORD A, KIM J W, HALLACY C, et al. Learning Transferable Visual Models From Natural Language Supervision[J/OL]. CoRR, 2021, abs/2103.00020. arXiv: 2103.00020. https://arxiv.org/abs/2 103.00020.

[58] LU J, BATRA D, PARIKH D, et al. ViLBERT: Pretraining Task-Agnostic Visiolinguistic Representations for Vision-and-Language Tasks[J/OL]. CoRR, 2019, abs/1908.02265. arXiv: 1908 . 02265. htt p://arxiv.org/abs/1908.02265.

[59] ROMBACH R, BLATTMANN A, LORENZ D, et al. High-Resolution Image Synthesis with Latent Diffusion Models[J/OL]. CoRR, 2021, abs/2112.10752. arXiv: 2112.10752. https://arxiv74.org /abs/2112.10752.

[60] DALL-E: Creating images from text[EB/OL]. https://openai.com/research/dall-e，2021.

[61] CHEN H, LIU X, YIN D, et al. A survey on dialogue systems: Recent advances and new frontiers[J]. Acm Sigkdd Explorations Newsletter, 2017, 19(2): 25-35.

[62] RAFFEL C, SHAZEER N, ROBERTS A, et al. Exploring the limits of transfer learning with a unified text-to-text transformer[J]. The Journal of Machine Learning Research, 2020, 21(1): 5485-5551.

[63] OpenAI. GPT-4 Technical Report[Z]. 2023. arXiv: 2303. 08774 [cs.CL].

[64] ZHANG S, ROLLER S, GOYAL N, et al. Opt: Open pre-trained transformer language models[J]. arXiv preprint arXiv:2205.01068, 2022.

[65] TOUVRON H, LAVRIL T, IZACARD G, et al. Llama: Open and efficient foundation language models[J]. arXiv preprint arXiv:2302.13971, 2023.

[66] SUN Y, WANG S, FENG S, et al. Ernie 3.0: Large-scale knowledge enhanced pre-training for language understanding and generation[J].arXiv preprint arXiv:2107.02137, 2021.

[67] CHASE H. LangChain[EB/OL]. https://github.com/hwchase17/langchain.

[68] CNN. BuzzFeed slashes 12% of its workforce, citing “worsening macroeconomic conditions” [EB/OL]. https://edition.cnn.com/2022/12/06/media/buzzfeed-job-cuts/index.html.

[69] OUYANG L, WU J, JIANG X, et al. Training language models tofollow instructions with human feedback[J]. Advances in Neural Information Processing Systems, 2022, 35: 27730-27744.

[70] UNIVERSITY S. FastChat[EB/OL]. https://github.com/lm-sys/FastChat.

[71] DU H, LI Z, NIYATO D, et al. Enabling AI-Generated Content (AIGC)Services in Wireless Edge Networks[J]. arXiv preprintarXiv:2301.03220, 2023.

[72] ZHANG C, ZHANG C, ZHENG S, et al. A Complete Survey on Generative AI(AIGC): Is ChatGPT from GPT-4 to GPT-5 All You Need? [J]. arXiv preprint arXiv:2303.11717, 2023.

[73] LEIVADA E, MURPHY E, MARCUS G. DALL-E2 Fails to Reliably Capture Common Syntactic Processes[J]. arXiv preprintarXiv:2210.12889, 2022.

[74] TU X, ZHAO J, LIU Q, et al. Joint face image restoration and frontalization for recognition[J]. IEEE Transactions on circuits and systems for video technology, 2021, 32(3): 1285-1298.

[75] REN Y, YU X, CHEN J, et al. Deep image spatial transformation for person image generation[C]//Proceedings of the IEEE/CVF Conference on Computer Vision and Pattern Recognition. [S.l. : s.n.], 2020:7690-7699.

[76] JING Y, YANG Y, FENG Z, et al. Neural style transfer: A review[J]. IEEE transactions on visualization and computer graphics, 2019,26(11): 3365-3385.

[77] LIU K L, LI W, YANG C Y, et al. Intelligent design of multimedia content in Alibaba[J]. Frontiers of Information Technology & Electronic Engineering, 2019, 20(12): 1657-1664.

[78] CHEN J, LAI P, CHAN A, et al. AI-Assisted Enhancement of Student Presentation Skills: Challenges and Opportunities[J]. Sustainability, 2023, 15(1): 196.

[79] CAO Y, LI S, LIU Y, et al. A comprehensive survey of ai-generated content(aigc): A history of generative ai from gan to chatgpt[J]. arXiv preprint arXiv:2303.04226, 2023.

[80] ZHANG C, ZHANG C, LI C, et al. One small step for generative ai, one giant leap for agi: A complete survey on chatgpt in aigc era[J]. arXiv preprint arXiv:2304.06488, 2023.

[81] WANG J, LIU S, XIE X, et al. Evaluating AIGC Detectors on Code Content[J]. arXiv preprint arXiv:2304.05193, 2023.

[82] ZHANG S, XU M, LIM W Y B, et al. Sustainable AIGC Work-load Scheduling of Geo-Distributed Data Centers: A Multi-Agent Reinforcement Learning Approach[J]. arXiv preprint arXiv:2304.07948, 2023.

[83] SUN Y, XU Y, CHENG C, et al. Travel with Wander in the Metaverse: An AI chatbot

to Visit the Future Earth[C]//2022 IEEE 24th International Workshop on Multimedia Signal Processing (MMSP). [S.l. : s.n.], 2022: 1-6.

[84] SENSORO 升哲科技. AI 剪辑师——自动生成电影预告片的人工神经网络模型[EB/OL]. https://www.163.com/dy/article/GQ8098OM0538J014.html.

[85] 百度百科. 计算机编程语言[EB/OL]. https://baike.baidu.com/item.

[86] KENESHLOO Y, SHI T, RAMAKRISHNAN N, et al. Deep reinforcement learning for sequence-to-sequence models[J]. IEEE transactions on neural networks and learning systems, 2019, 31(7): 2469-2489.

[87] HERSHEY J R, ROUX J L, WENINGER F. Deep Unfolding: Model-Based Inspiration of Novel Deep Architectures[J]., 2014. arXiv: 1409 .2574 [cs.LG].

[88] YANNAKAKIS G N. Game AI revisited[C]//Proceedings of the 9th conference on Computing Frontiers. [S.l. : s.n.], 2012: 285-292.

[89] ZHANG C, ZHANG C, ZHENG S, et al. A Complete Survey on Generative AI(AIGC): Is ChatGPT from GPT-4 to GPT-5 All You Need? [J]. arXiv preprint arXiv:2303.11717, 2023.

[90] ROACH J. How Microsoft's bet on Azure unlocked an AI revolution [EB/OL]. https://news.oh101.com/2023/04/04/how-micro softs-bet-on-azure-unlocked-an-ai-revolution/.

[91] LIN C H, GAO J, TANG L, et al. Magic3D: High-Resolution Text-to-3D Content Creation[J]. arXiv preprint arXiv:2211.10440, 2022.

[92] 网易科技. AIGC 疯狂一夜！ 英伟达投下“核弹”显卡、谷歌版ChatGPT 开放，比尔・盖茨惊叹革命性进步[EB/OL]. https://w ww.ithome.com/0/681/477.htm.

[93] 严林波，孙正凯. 电子设计自动化技术及其应用研究[J]. 科技创新与应用，2019，282：137-138.

[94] 李玉照，吴翥. 电子设计自动化 EDA 技术状况与展望[J]. 集成电路应用, 2022, 39：246-247.

[95] 吕晓鑫. 计算机操作系统综述[J]. 河南科技，2012，No.506(6).

[96] 丁珩. 我国软件产业的现状、问题及加快发展的建议[J]. 科技与经济，2003：58-59.

[97] 叶晓霞，陈桂鸿. 计算机操作系统中的问题与趋势展望[J]，电子技术，2023，52：40-42.

[98] 成生辉. Web 3.0：具有颠覆性与重大机遇的第三代互联网[M]. 北京：清华大学

出版社，2023.
[99] 徐华. 数据挖掘方法与应用[M]. 北京：清华大学出版社，2022.
[100] 共研网. 行业深度！ 2022 年中国大数据采集行业发展现状解析及发展趋势预测[EB]. 2023.
[101] 前瞻产业研究院. 深度分析！ 2021年中国数据标注行业需求现状与前景趋势分析，人工智能推动行业高速发展[EB]. https://www.sohu.com/a/640288801_121388268，2021.
[102] 中国信息通信研究院. 大数据白皮书(2022年)[EB]. https://www.smartcity.team/investment/industryanalysis，2023.
[103] 腾讯研究院. 2023 年 AIGC 发展趋势报告[EB]. 2023.
[104] CAO Y, LI S, LIU Y, et al. A comprehensive survey of ai-generated content(aigc): A history of generative ai from gan to chatgpt[J]. arXiv preprint arXiv:2303.04226, 2023.
[105] RESEARCH G. Cloud Computing Market Size, Share & Trends Analysis Report By Service(SaaS, IaaS), By Enduse(BFSI, Manufacturing), By Deployment(Private, Public), By Enterprise Size(Large, SMEs), And Segment Forecasts, 2023—2030[EB]. 2023.
[106] 刘甜甜，张清，岳强，等. 云计算产业发展现状和趋势分析[J]. 广东通信技术，2015，35：6-12.
[107] 李扬，李舰. 数据科学概论[M]. 北京：人民大学出版社，2021.
[108] TRENDS M. The Four V's of Big Data –What is big data?[EB]. 2021.
[109] 徐小龙. 云计算与大数据[M]. 北京：电子工业出版社，2021.
[110] 周志华. 机器学习[M]. 北京：清华大学出版社，2016.
[111] YANG L, ZHANG Z, SONG Y, et al. Diffusion models: A comprehensive survey of methods and applications[J]. arXiv preprint arXiv:2209.00796, 2022.
[112] RESEARCH Q. 2023—2029 全球与中国机器学习市场现状及未来发展趋势[EB]. 2023.
[113] 贾益刚. 物联网技术在环境监测和预警中的应用研究[J]. 上海建设科技，2010，6：65-67.
[114] KUZLU M, FAIR C, GULER O. Role of Artificial Intelligence in the Internet of Things(IoT)cybersecurity[J]. Discov Internet Things, 2021, 7. DOI: 10.1007/s43926-020-00001-4.

[115] GHOSH A, CHAKRABORTY D, LAW A. Artificial Intelligence in Internet of Things[J]. CAAI Transactions on Intelligence Technology, 2018, 3. DOI: 10.1049/trit.2018.1008.

[116] 李本乾，吴舫. 人工智能时代：新兴媒介、产业与社会(第一辑)[M]. 上海：上海交通大学出版社，2021.

[117] 优链时代. 全国首次！ 政协委员以真人数字分身形式亮相元宇宙论坛大会，燃爆现场气氛！ [EB]. https://www.bilibili.com/video/BV1QW4y1Y7Et/?spm_id_from=333.337.search-card.all.click&vd_source=f43625694503bebab77bfbdc02419050，2022.

[118] 李本乾，吴舫. 人工智能时代：新兴媒介、产业与社会(第二辑)[M]. 上海：上海交通大学出版社，2021.

[119] WEI J, WANG X, SCHUURMANS D, et al. Chain of thought prompting elicits reasoning in large language models[J]. arXiv preprint arXiv:2201.11903, 2022.

[120] HOFFMANN J, BORGEAUD S, MENSCH A, et al. Training compute-optimal large language models[J]. arXiv preprint arXiv:2203.15556, 2022.

[121] AGHAJANYAN A, YU L, CONNEAU A, et al. Scaling Laws for Generative Mixed-Modal Language Models[J]. arXiv preprint arXiv:2301.03728, 2023.

[122] TAYLOR R, KARDAS M, CUCURULL G, et al. Galactica: A large language model for science[J]. arXiv preprint arXiv:2211.09085, 2022.

[123] ZHANG W. Application and development of robot sports news writing by artificial intelligence[C]//2022 IEEE 2nd International Conference on Data Science and Computer Application(ICDSCA). [S.l. : s.n.],2022: 869-872.

[124] XUE K, LI Y, JIN H. What Do You Think of AI? Research on the Influence of AI News Anchor Image on Watching Intention[J]. Behavioral Sciences, 2022, 12(11): 465.

[125] SUN J, LIAO Q V, MULLER M, et al. Investigating explainability of generative AI for code through scenario based design[C]//27th International Conference on Intelligent User Interfaces. [S.l. : s.n.], 2022:212-228.

[126] NING H, WANG H, LIN Y, et al. A Survey on Metaverse: the State-of-the-art, Technologies, Applications, and Challenges[J]. arXiv preprint arXiv:2111.09673, 2021.

[127] RATICAN J, HUTSON J, WRIGHT A. A Proposed Meta-Reality Immersive

Development Pipeline: Generative AI Models and Extended Reality (XR) Content for the Metaverse[J]. Journal of Intelligent Learning Systems and Applications, 2023, 15.

[128] GUO S, JIN Z, SUN F, et al. Vinci: an intelligent graphic design system for generating advertising posters[C]//Proceedings of the 2021 CHI conference on human factors in computing systems. [S.l. : s.n.],2021: 1-17.

[129] BAIDOO-ANU D, OWUSU ANSAH L. Education in the era of generative artificial intelligence(AI): Understanding the potential benefits of ChatGPT in promoting teaching and learning[J]. Available at SSRN 4337484, 2023.

[130] MOMOT I. Artificial Intelligence in Filmmaking Process: future scenarios[J]., 2022.

[131] YANG T, NAZIR S. A comprehensive overview of AI-enabled music classification and its influence in games[J]. Soft Computing, 2022,26(16): 7679-7693.

[132] CHANG R, SONG X, LIU H. Between Shanshui and Landscape: An AI Aesthetics Study Connecting Chinese and Western Paintings [C]//HCI International 2022 Posters: 24th International Conference on Human-Computer Interaction, HCII 2022, Virtual Event, June 26-July 1, 2022, Proceedings, Part III. [S.l. : s.n.], 2022: 179-185.

[133] ARGAW D M, HEILBRON F C, LEE J Y, et al. The anatomy of video editing: A dataset and benchmark suite for ai-assisted video editing[C]//Computer Vision-ECCV 2022: 17th European Conference, Tel Aviv, Israel, October 23-27, 2022, Proceedings, Part VIII. [S.l. : s.n.], 2022: 201-218.

[134] SONYA HUANG P G, GPT3. Generative AI A Creative New World [EB]. https://www.sequoiacap.com/article/generative-ai-a-creative-new-world/.

[135] 人民中科研究院. 趋势报告：人工智能的下一个时代 AIGC 未来已来[EB]. https://baijiahao.baidu.com/s?id=1756792705666661456&wfr=spider&for=pc.

[136] 腾讯研究院. AIGC 发展趋势报告：迎接人工智能的下一个时代[EB]. https://docs.qq.com/pdf/DSkJweFlIdEFMQ2pT?&u=c0ab7babbf1c42d6a03a343332181d12.

[137] 程兵. 潮起潮落，拐点已过，AIGC 有望引领人工智能商业化浪潮[EB].

[138] 成生辉. 元宇宙概念技术及生态[M]. 北京：机械工业出版社，2022.

[139] WANG Y, SU Z, ZHANG N, et al. A survey on metaverse: Fundamentals, security, and privacy[J]. IEEE Communications Surveys & Tutorials, 2022.

[140] LYYTINEN K, NICKERSON J V, KING J L. Metahuman systems humans machines that learn[J]. Journal of Information Technology, 2021.

[141] XU M, NIYATO D, CHEN J, et al. Generative AI-empowered Simulation for Autonomous Driving in Vehicular Mixed Reality Metaverses [J]. arXiv preprint arXiv 2302.08418, 2023.

[142] BROWN T, MANN B, RYDER N, et al. Language models are fewshot learners[J]. Advances in neural information processing systems, 2020.

[143] OUYANG L, WU J, JIANG X, et al. Training language models to follow instructions with human feedback[J]. Advances in Neural Information Processing Systems, 2022.

[144] GAN W, YE Z, WAN S, et al. Web 3.0 The Future of Internet[J]. arXiv preprint arXiv 2304.06032, 2023.